工业互联网技能人才培养基础系列教材

U0254399

信息安全技术

刘海平◎主编

人民邮电出版社

北　京

图书在版编目（CIP）数据

信息安全技术 / 刘海平主编. -- 北京 : 人民邮电
出版社, 2021.11（2022.10重印）
工业互联网技能人才培养基础系列教材
ISBN 978-7-115-57704-7

Ⅰ．①信… Ⅱ．①刘… Ⅲ．①信息安全－安全技术－
教材 Ⅳ．①TP309

中国版本图书馆CIP数据核字(2021)第211706号

内 容 提 要

本书较全面地介绍了工业互联网中信息安全技术的基础知识与相关实践，全书共分为6章。第1章为信息安全概述；第2章主要介绍信息隐藏技术；第3章主要介绍网络攻防技术；第4章主要介绍防火墙技术术；第5章主要介绍认证与加密技术；第6章主要介绍区块链技术。

本书既可作为电子信息技术、信息安全、网络空间安全等高职院校相关专业师生的教材，又可作为科研人员、工程技术人员及工业互联网相关培训机构的参考书。

◆ 主　编　刘海平
　　责任编辑　王海月
　　责任印制　陈　犇
◆ 人民邮电出版社出版发行　　北京市丰台区成寿寺路 11 号
　　邮编　100164　　电子邮件　315@ptpress.com.cn
　　网址　https://www.ptpress.com.cn
　　北京捷迅佳彩印刷有限公司印刷
◆ 开本：787×1092　1/16
　　印张：10.25　　　　　　　　2021 年 11 月第 1 版
　　字数：194 千字　　　　　　2022 年 10 月北京第 3 次印刷

定价：49.80 元

读者服务热线：(010)81055493　印装质量热线：(010)81055316
反盗版热线：(010)81055315
广告经营许可证：京东市监广登字 20170147 号

编辑委员会

主编：刘海平

委员（排名不分先后）：

汪丽华　鲁　捷　陈年华　涂贵军　魏春良

李文阳　胡宏铎　王祥喜　水生军　毕纪伟

李　伟　杨义生　张　琳　罗晓舫　赵　聪

柯德胜　唐旭文　林　霖　丰　雷　赵　帅

周凡钦　赵一琨　高　静　甄泽瑞　谢坤宜

宋　博　高泽华　周　峰　高　峰

出版说明

工业互联网的核心功能实现依托于数据驱动的物理系统和数字空间的全面互联，是对物联网、大数据、网络通信、信息安全等技术的综合应用，最终通过数字化技术手段实现工业制造过程中的智能分析与决策优化。

本套教材共包括 5 册：《物联网技术》《工业大数据技术》《网络通信技术》《信息安全技术》《工业制造网络化技术》。

《物联网技术》一书系统地讨论了物联网感知层、网络层、应用层的关键技术，涵盖云计算、网络、边缘计算和终端等各个方面。将这些技术应用于工业互联网中，能够自下而上打通制造生产和管理运行数据流，从而实现对工业数据的有效调度和分析。

《工业大数据技术》一书介绍了大数据采集、存储与计算等技术，帮助读者理解如何打造一个由自下而上的信息流和自上而下的决策流构成的工业数字化应用优化闭环，而这个闭环在工业互联网三大核心功能体系之间循环流动，为工业互联网的运行提供动力保障。

《网络通信技术》一书系统地介绍了不同类型的通信网络及其关键技术。通信技术通过有线、无线等媒介在工业互联网全环节的各个节点间传递信息，将控制、管理、监测等终端与业务系统连接起来，使工业互联网实现有效数据流通。先进的通信技术将在工业互联网数字化过程中起到重要作用。

《信息安全技术》一书介绍了防火墙入侵防御、区块链可信存储、加解密原理、PKI 体系等内容，这些技术和原理保证了工业互联网在采集、传输、存储和分析数据的整个生产制造流程中安全运行，能够有效阻止生产过程受到干扰和破坏。提升工业互联网的安全保障能力是保证设备、生产系统、管理系统和供应链正常运行的基本需求。

《工业制造网络化技术》一书展现了网络技术如何在工业互联网中落地，以及如何帮助工业企业实现敏捷云制造的最终目标。

本套教材面向发展前沿，关注主流技术，充分反映了工业互联网新技术、新标准和新模式在行业中的应用，具有先进性和实用性。本套教材主要用于在校生学习参考和一线技术人员的培训，内容力求通俗易懂，语言风格贴近产业实际，深入浅出，操作性强，在探索产教融合方式、培养发展工业互联网所需的各类专业型人才和复合型人才方面做了有益尝试。

丛书序

未来几十年，新一轮科技革命和产业变革将同人类社会发展形成历史性交汇。世界正在进入以信息产业为主导的新经济发展时期。各国均将互联网作为经济发展、技术创新的重点，把互联网作为谋求竞争新优势的战略方向。工业互联网的发展源于工业发展的内生需求和互联网发展的技术驱动，顺应新一轮科技革命和产业变革趋势，是生产力发展的必然结果，是未来制造业竞争的制高点。

当前，全球制造业正进入新一轮变革浪潮，大数据、云计算、物联网、人工智能、增强现实/虚拟现实、区块链、边缘计算等新一代信息技术正加速向工业领域融合渗透，将带来制造模式、生产组织方式和产业形态的深刻变革，推动创新链、产业链、价值链的重塑再造。

2020 年 6 月 30 日，中央全面深化改革委员会第十四次会议审议通过《关于深化新一代信息技术与制造业融合发展的指导意见》，强调加快推进新一代信息技术和制造业融合发展，要顺应新一轮科技革命和产业变革趋势，以供给侧结构性改革为主线，以智能制造为主攻方向，加快工业互联网创新发展，加快制造业生产方式和企业形态根本性变革，夯实融合发展的基础支撑，健全法律法规，提升制造业数字化、网络化、智能化发展水平。

《工业和信息化部办公厅关于推动工业互联网加快发展的通知》明确提出深化工业互联网行业应用，鼓励各地结合优势产业，加强工业互联网在装备、机械、汽车、能源、电子、冶金、石化、矿业等国民经济重点行业的融合创新，突出差异化发展，形成各有侧重、各具特色的发展模式。

当前，我国工业互联网已初步形成三大应用路径，分别是面向企业内部提升生产力的智能工厂，面向企业外部延伸价值链的智能产品、服务和协同，面向开放生态的工业互联网平台运营。

我国工业互联网创新发展步伐加快，平台赋能水平显著提升，具备一定行业、区域影响力的工业互联网平台不断涌现。截止到 2021 年 6 月，五大国家顶级节点系统的功能逐步完备，标识注册量突破 200 亿。但不容忽视的是，我国工业互联网创新型、复合型技术人才和高素质应用型人才的短缺，已经成为制约我国工业互联网创新发展的重要因素，尤其是全国各地新基建的推进，也会在一定程度上加剧工业互联网"新岗位、新职业"的人才短缺。

工业互联网的部署和应用对现有的专业技术人才和劳动者技能素质提出了新的、更高的要求。工业互联网需要既懂 IT、CT，又懂 OT 的人才，相关人才既需要了解工业运营需求和网络信息技术，又要有较强的创新能力和实践经验，但此类复合型人才非常难得。

随着工业互联网的发展，与工业互联网相关的职业不断涌现，而我国工业互联网人才基础薄弱、缺口较大。当前亟待建立工业互联网人才培养体系，加强工业互联网人才培养的产教融合，明确行业和企业的用人需求，学校培养方向也要及时跟进不断变化的社会需求，强化产业和教育深度合作的人才培养方式。

因此，以适应行业发展和科技进步的需要为出发点，以"立足产业，突出特色"为宗旨，编写一系列体现工业和信息化融合发展优势特色、适应技能人才培养需要的高质量、实用型、综合型人才培养的教材就显得极为重要。

本套教材分为 5 册：《物联网技术》《网络通信技术》《工业大数据技术》《信息安全技术》《工业制造网络化技术》，充分反映了工业互联网新技术、新标准和新模式在行业中的应用，具有很强的先进性和实用性，主要用于在校生的学习参考和一线技术人员的培训，内容通俗易懂，语言风格贴近产业实际。

邬贺铨

中国工程院院士

前言

信息是社会发展的重要战略资源，国际上围绕信息的获取、使用和控制的斗争愈演愈烈，信息安全成为维护国家安全和社会稳定的一个焦点，各国高度关注并给予较多的投入。网络信息安全已成为影响国家大局和长远利益的亟待解决的重大关键问题。信息安全技术不但是信息革命高效率、高效益的有力保证，而且是抵御信息侵略的重要屏障。

信息是一种重要的战略资源，信息的获取、处理和安全保障能力已成为国家综合国力的重要组成部分，信息安全关系到国家安全、社会稳定。随着工业互联网产业的蓬勃发展，急需加快构建工业互联网安全保障体系、提升工业互联网安全保障能力、促进工业互联网高质量发展、推动现代化经济体系建设、护航制造强国和网络强国战略实施。因此，应采取必要的措施确保国家的信息安全，此外，还应充分认识信息安全在网络信息时代的重要性和其具有的极其广阔的市场前景，从而推动信息安全产业的发展。

本书共分为 6 章。第 1 章为信息安全概述，包括信息安全基础、信息安全面临的风险挑战、信息安全基本原则等。第 2 章主要介绍信息隐藏技术，包括信息隐藏技术概述、信息隐藏技术应用领域、信息隐藏技术分类及隐秘通信技术等。第 3 章主要介绍网络攻防技术，包括漏洞、溢出漏洞利用攻击、漏洞利用保护机制、Web 应用攻击等。第 4 章主要介绍防火墙技术，包括边界安全设备、防火墙的种类、防火墙体系结构、防火墙的选购与安装、防火墙产品等。第 5 章主要介绍认证与加密技术，包括安全加密技术概述、信息加密技术、加密技术的应用、数字证书简介、SSL 认证技术等。第 6 章主要介绍区块链技术，包括区块链技术概述、区块链模型、网络通信层关键技术、数据安全与隐私保护关键技术、共识层关键技术、区块链技术标准及区块链面临的主要安全威胁等。本书详细地介绍了信息安全的发展背景和关键技术，相信在读过相关内容之后，读者能够深入了解信息安全相关知识内容，并形成自己的见解。

由于编写时间仓促，编写人员水平有限，书中疏漏之处在所难免，望读者批评指正。

本书配备了教学 PPT 和习题答案，读者可扫描下方二维码加入"工业互联网技能人才培养教材"QQ 群免费获取。

编者

目录

第1章

信息安全概述

▶ 学习目标

（1）信息安全基础

（2）信息安全面临的风险挑战

（3）信息安全基本原则

（4）信息安全风险分析方法

▶ 内容导学

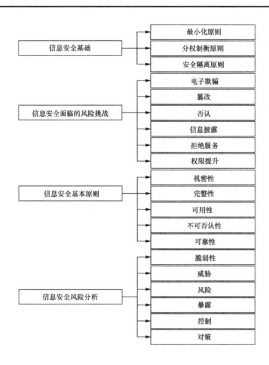

1.1 信息安全基础

国际标准化组织（ISO）对信息安全的定义是："为数据处理系统建立和采用的技术、管理的安全保护，保护计算机硬件、软件、数据不因偶然和恶意的原因而遭到破坏、更改和泄露"。信息安全的概念在 20 世纪经历了一个漫长的历史阶段，20 世纪 90 年代以来得到了深化。进入 21 世纪，随着信息技术的不断发展，信息安全问题也日益突出。如何确保信息系统的安全已成为全社会关注的问题。国际上对于信息安全的研究起步较早，投入力度较大，已取得了许多成果，并加以推广应用。国内已有一批专门从事信息安全基础研究、技术开发与技术服务工作的研究机构与高科技企业，形成了我国信息安全产业的雏形。

信息是一种重要的战略资源，信息的获取、处理和安全保障能力成为国家综合国力的重要组成部分，信息安全关系到国家安全、社会稳定，所以，必须要把信息安全的重要性提升到国家战略层面，采取必要的措施确保国家的信息安全。同时，随着计算机技术的不断普及与深入，信息安全问题的重要性也日益凸显。各行各业都面临着日益严峻的安全问题，例如网络攻击、信息泄露、信息丢失等。近年来，信息安全理论与技术所涉及的内容十分广泛，信息安全行业的发展非常迅速，主要涉及信息隐藏、网络攻防、认证与加密、防火墙、区块链等技术，本书将会从这些角度展开讨论。

信息安全面临着电子欺骗、篡改、否认、信息披露、拒绝服务、权限提升等风险挑战，信息安全应考虑机密性、完整性、可用性、不可否认性、可靠性等基本原则，需要从技术和管理的角度出发，才能做好信息安全防护。为了实现信息安全的目标，各种信息安全技术的使用必须遵守一些基本的原则。

（1）最小化原则。受保护的敏感信息只能在一定范围内被共享，履行工作职责和职能的安全主体，在法律和相关安全策略允许的前提下，为满足工作需要，仅被授予其访问信息的适当权限，称为最小化原则。对于敏感信息的知情权一定要加以限制，这是在"满足工作需要"前提下的一种限制性开放，可以将最小化原则细分为知所必须（Need to Know）和用所必须（Need to Use）的原则。

（2）分权制衡原则。在信息系统中，对所有权限应该进行适当的划分，使每个授权主体只能拥有其中的一部分权限，使它们之间相互制约、相互监督，共同保证信息系统的安全。如果一个授权主体可分配的权限过大，无人监督和制约，就会存在"滥用权力"的安全隐患。

（3）安全隔离原则。隔离和控制是实现信息安全的基本方法，而隔离是进行控制的基础。信息安全的一个基本策略就是将信息的主体与客体分离，按照一定的安全策略，在可控和安全的前提下实施主体对客体的访问。

在这些基本原则的基础上，人们在生产实践过程中还总结出一些实施原则，这些原则是基本原则的具体体现和扩展，包括整体保护原则、"谁主管，谁负责"原则、适度保护的等级化原则、分域保护原则、动态保护原则、多级保护原则、深度保护原则和信息流向原则等。

1.2 信息安全面临的风险挑战

对威胁进行盘点并分类时，使用指南或参考通常是有用的。微软开发了一个称为STRIDE 的威胁分类方案。STRIDE 的使用经常与对应用程序或操作系统威胁的评估相关。STRIDE 是以下几个单词的首字母缩写。

（1）电子欺骗（Spoofing）：指通过伪造身份对目标系统进行访问的攻击行为。电子欺骗可以用于 IP 地址、MAC 地址、用户名、系统名称、无线网络名称、电子邮件地址以及许多其他类型的逻辑标识。当攻击者将自己伪装成一个合法或已获得授权的实体时，他们往往能够绕过针对未授权访问的过滤器和封锁。一旦电子欺骗攻击让攻击者成功访问目标系统，则攻击者后续就可以对系统发动各种攻击。

（2）篡改（Tampering）：指任何对数据进行未授权的更改或操纵的行为。不管是传输中的数据还是被存储的数据，使用篡改来伪造通信或改变静态信息，这种攻击是对数据完整性和可用性的侵害。

（3）否认（Repudiation）：指用户或攻击者否认执行了一个动作或行为。通常攻击者会否认攻击，以便保持合理的推诿，从而不用为自己的行为负责。否认攻击也可能会导致无辜的第三方因安全违规而受到指责。

（4）信息披露（Information Disclosure）：指将私人、机密或受控信息揭露、传播给外部或未授权实体的行为。这可能包括客户身份信息、财务信息或自营业务操作细节信息。信息披露可以利用系统设计和代码实现的缺陷，如未能删除调试代码、留下示例应用程序和账户、未对客户端可见内容的编程注释（如 HTML 文档中的注释）进行净化或将过于详细的错误消息暴露给用户。

（5）拒绝服务（Denial of Service，DoS）：指试图阻止对资源的授权使用。这可以通过缺陷开发、连接重载或流量泛滥实现。DoS 攻击并不一定会导致对资源使用的完全中断，而是会减少吞吐量或造成延迟，以阻碍对资源的有效利用。尽管大多数 DoS 攻击都是暂时的，只在攻击者进行袭击时存在，但还是存在一些永久性的 DoS 攻击。这些 DoS 攻击将造成系统的永久受损，使其不能通过简单的重启或等待攻击者结束攻击而恢复正常操作。要从永久性的 DoS 攻击中恢复过来，将需要进行完整的系统修复和备份恢复。

（6）权限提升（Elevation of Privilege）：此攻击是指有限授权的用户账号被转换成拥有更大特权和访问权的账户，这可以通过盗取高级账户（如管理员或 Root 账户）凭证来实现。

STRIDE 虽然通常被专门用于应对应用程序威胁，但也适用于其他情况，比如网络威胁和主机威胁。一般来说，威胁建模中 STRIDE 和其他工具的作用是考虑受到威胁的范围，并关注攻击的目标或结果。试图识别每一个特定的攻击方法和技术是不可能完成的任务，因为新的攻击不断涌现。虽然 STRIDE 方案仅能粗略地将攻击的目标或目的进行分类和分组，但它是相对稳定的。

1.3　信息安全基本原则

信息安全的核心目标是为关键资产提供机密性、完整性、可用性、不可否认性、可靠性保护，如图 1-1 所示。所有安全控制、机制和保护措施都是为了提供这些原则中的一个或者多个，并且衡量所有风险、威胁和脆弱性，以平衡一个或者全部原则。

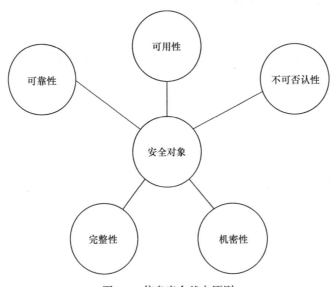

图 1-1　信息安全基本原则

1.3.1　机密性

机密性（Confidentiality）是为限制未授权主体访问数据、客体或资源，为数据、客体或资源提供了高级别的机密性保证。若存在对机密性的威胁，就会发生未授权的信息泄露。针对机密性的攻击有很多种，例如捕获网络通信、窃取密码文件、社会工程攻击、扫描端口、肩窥、偷听和嗅探攻击等。

对机密性的破坏不限于直接针对机密性的攻击,许多未授权的敏感或机密信息泄露都是人为错误、疏忽或失职造成的。造成机密性遭到破坏的事件包括:没能对传输数据进行适当的加密;在传输数据之前,没能对远程系统进行充分的身份认证;一直打开不安全的接入点,访问恶意代码导致系统打开后门;传真的误传、在打印机上遗失文件,甚至在显示器上显示数据时从访问终端离开。

如果终端用户或系统管理员的行为不当,或者安全策略存在疏漏以及安全控制配置不正确,那么机密性也会遭到破坏。许多对策有助于保障机密性,抵御潜在威胁,如在存储和传输数据时进行加密,如 IPsec、TLS(安全传输层协议)、PPTP(点对点隧道协议)及 SSH(安全壳协议)等;实施严格的访问控制和数据分类;对企业员工进行适当的数据保护措施培训。

1.3.2 完整性

完整性(Integrity)是在保证信息和系统准确性以及可靠性的前提下,禁止对数据进行非授权更改,共同维护硬件、软件和通信机制。

为了维护完整性,客体必须保持自身的正确性,并且只能由被授权的主体进行修改。如果安全机制提供了完整性,那么它就为数据、客体和资源提供了保持原有受保护状态和不被修改的高级别保证,这也包括客体在存储、传输或处理过程中发生的变更。因此,维护完整性意味着客体本身不会被改变,并且管理和操纵客体的操作系统与程序实体不会受到安全威胁。我们可以从下列 3 个方面查看完整性。

(1)应该禁止未授权的主体执行修改操作。

(2)应该禁止经过授权的主体执行未授权的修改操作。

(3)客体应当内外保持一致,这样它们的数据才能正确并真实地反映现实情况,并且与任何子客体、同等客体或父客体的关系都是有效的、一致的和可检验的。

为了在系统上维护完整性,必须对数据、客体和资源的访问进行适当控制。此外,应当使用活动日志记录,从而保证只有经过授权的用户才能够访问他们各自的资源。在存储、传输和处理过程中维护和确认客体完整性时,需要各种各样的控制和监督措施。

针对完整性的攻击有很多,这些攻击包括:病毒、逻辑炸弹、未授权访问、恶意编码和应用程序中的错误、恶意修改、有企图的替换以及系统后门。对完整性的破坏不限于有意攻击。许多对敏感信息的未授权修改实际上是人为疏忽或失职造成的。

任何用户(包括管理员)的不当行为都可能破坏完整性,安全策略的疏漏或安全控制的配置不正确也可能导致类似事件的发生。

有许多措施可以确保完整性不会受到可能的威胁,主要包括:散列(数据完整性)、配置管理(系统完整性)、变更控制(进程完整性)、访问控制(物理的和技术的)、软件数字签名、传输循环冗余校验（Cyclic Redundancy Check，CRC）功能。

1.3.3 可用性

可用性（Availability）是指得到授权的实体在需要时可访问资源和服务，即无论何时，只要用户需要，信息系统必须是可用的，也就是说信息系统不能拒绝服务。网络最基本的功能是向用户提供所需的信息和通信服务，而用户的通信要求是随机的、多方面的，包括语音、数据、文字和图像等，有时还要求时效性。网络必须随时满足用户通信的要求。攻击者通常采用占用资源的手段阻碍授权者的工作。可以使用访问控制机制阻止非授权用户进入网络，从而保证网络系统的可用性。增强可用性还包括如何有效地避免因各种灾害（战争、地震等）造成的系统失效。

可用性指的是经过授权的主体被及时准许和不间断准许地访问客体。如果安全机制提供了可用性，那么它提供了经过授权的主体能够访问数据、客体和资源的高级别保证。可用性包括有效且不间断地访问客体和阻止拒绝服务攻击。可用性还意味着支持基础结构（包括网络服务、通信和访问控制机制）的正常运作，并允许经过授权的用户进行正常的访问操作。

为了在系统中维护可用性，必须进行适当的控制，从而确保被授权的访问和可接受的性能等级、快速处理中断、提供冗余度、维持可靠的备份以及避免数据丢失或被破坏。

针对可用性的威胁有很多。这些威胁包括：设备故障、软件错误，以及环境问题（如高温、静电、洪水、断电等）。针对可用性的其他攻击形式还包括 DoS 攻击、客体损坏和通信中断。

与机密性和完整性一样，对可用性的破坏不限于有意攻击。许多对敏感信息的未授权修改实际是人为错误、疏忽或失职造成的。导致可用性被破坏的事件包括：意外地删除文件；硬件或软件组件的过度使用；私下分配资源；贴错标签或不正确的客体分类。任何用户（包括管理员）的不当行为都可能破坏可用性，安全策略的疏漏或安全控制的配置不正确也可能导致类似事件的发生。

提高可用性采取的措施主要包括：独立磁盘冗余阵列（Redundant Arrays of Independent Disk，RAID）、集群、负载均衡、冗余数据和电源线、软件和数据备份、磁盘镜像、co-location 和异地灾备设施、回滚功能、故障切换配置。

1.3.4 不可否认性

不可否认性（Non-Repudiation）又称抗抵赖性，即由于某种机制的存在，不能否认自己发送信息的行为和信息的内容。不可否认性是对通信双方（人、实体或进程）信息真实同一性的安全要求，它包括收、发双方均不可否认。一是源发证明，它提供给信息接收者证据，这将使发送者谎称未发送过这些信息或者否认这些信息的内容的企图不能得逞；二是交付证明，它提供给信息发送者证据，这将使接收者谎称未接收过这些信息或者否认这些信息的内容的企图不能得逞。

不可否认性确保活动或事件的主体无法否认所发生的事件。不可否认性能够防止主体宣称自己没有发送消息、没有执行过某项活动或者不是某个事件的起因。身份标识、身份认证、授权、可问责性和审计使不可否认性成为可能。通过使用数字证书、会话标识符、事务日志以及其他很多传输和访问控制机制，我们能够建立不可否认性机制。如果没有在系统中构建或正确实施不可否认性，那么无法认证特定实体是否执行了某种动作。不可否认性是可问责性不可缺少的部分。如果嫌疑人能够否认别人对他的指控，那么他的行为就无法被问责。

在不可否认性机制中，起源的不可否认性和传递的不可否认性是两个重要的类型。它们所涉及的机制，一部分是各自所独有的，比如发起者的数字签名就是起源的不可否认性所独有的；而另一部分则是它们共享的，比如可信第三方的引入。

1.3.5　可靠性

可靠性（Reliability）是指系统在规定条件下和规定时间内实现规定功能的概率。可靠性是网络安全最基本的要求之一，如果网络不可靠，事故不断，也就谈不上网络安全。目前，对于网络可靠性的研究基本上偏重于硬件可靠性方面。要研制高可靠性元器件设备，采取合理的冗余备份措施仍是最基本的可靠性对策，有许多故障和事故与软件可靠性、人员可靠性和环境可靠性有关。

1.4　信息安全风险分析

信息安全中包含"脆弱性""威胁""风险""暴露""控制""对策"等概念，下面将明确这些概念的定义和相互之间的关系。

脆弱性（Vulnerability）是指在系统中允许威胁主体破坏系统安全性的缺陷。它是一种软件、硬件、过程本身存在的或人为的缺陷。这种脆弱性可能是指未安装安全补丁的应用程序或操作系统、没有限制的无线访问点、防火墙上的某个开放端口、任何人都能够进入服务器机房的松懈安防或者服务器和工作站上未实施的密码管理。

威胁（Threat）是指威胁主体可能利用系统的脆弱性而带来的任何潜在危险，而利用系统的脆弱性的实体就被称为威胁主体。威胁主体可能是通过防火墙上的某个端口访问网络、违反安全策略进行数据访问或者避开各种控制而将文件复制到介质上，进而泄露了机密信息的人。

风险（Risk）是威胁主体利用系统脆弱性造成损失或破坏的可能性。如果某个防火墙有几个开放端口，那么入侵者利用其中一个端口对网络进行未授权访问的可能性较大。如果没有对用户进行安全过程和措施的相关教育，那么雇员由于故意或者无意犯错而破坏数据的可能性也较大。如果网络没有安装入侵检测系统，那么攻击者在不引人注意的情况下进行攻击且很晚才被发现的可能性较大。风险将系统的脆弱性、威胁主体和利用系统脆弱性的可能性与造成的影响联系在一起。

暴露（Exposure）是造成损失的实例。脆弱性能够导致组织遭受破坏，如果密码管理极为松懈，也没有实施相关的密码规则，那么公司的用户密码就可能会被攻击者破解并在未授权情况下被使用。如果没有人监管公司的规章制度，不预先采取防火灾的措施，则公司可能会遭受毁灭性的火灾。

控制（Control）或对策（Countermeasure）能够消除或者降低潜在的风险。

对策可以是软件配置、硬件设备或者措施，它能够消除脆弱性或者降低威胁主体利用脆弱性的可能性。对策包括强密码管理、防火墙、保安、访问控制机制、加密和安全意识培训。

安全组件之间的关系如图 1-2 所示。

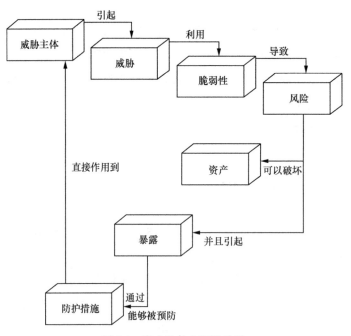

图 1-2　安全组件之间的关系

可能的威胁几乎是无限的，所以使用一种结构化的方法来准确地识别相关威胁是很重要的。例如，一些组织使用以下 3 种方法中的一种或多种。

关注资产：这种方法使用资产的估值结果，并试图识别对于宝贵资产的威胁。例如，可以评估一个特定的资产，以确定其是否容易受到攻击。如果资产寄存着数据，则可以评估访问控制来识别能够绕过身份认证或授权机制的威胁。

关注攻击：一些组织能够识别潜在的攻击者，并能够基于攻击者的目标识别他们所代表的威胁。例如，政府往往能够识别潜在的攻击者，并识别攻击者想要达到的目标。然后他们可以使用这种能力来识别并保护他们的相关资产。这种方法面临的一个挑战是，可能会出现以往未被视为威胁主体的新攻击者。

关注软件：如果一个组织开发了一个软件，则攻击者会考虑针对软件的潜在威胁。尽管几年前组织一般不自己开发软件，但如今这已非常常见。具体地说，大多数组织都有网络存在，许多都创建了自己的网页。精美的网页带来更多的流量，但它们也需要更复杂的编程，并会受到更多的威胁。

如果威胁被确定为来自攻击者（而不是自然威胁），那么威胁建模会尝试确定攻击者试图达到什么目的。有些攻击者可能想禁用系统，而有些攻击者可能想要窃取数据。一旦确认了威胁，就会基于其目标或动机对他们进行分类。此外，可将威胁和漏洞并列，来识别可能利用漏洞给组织带来重大风险的常见威胁。威胁建模的一个终极目标就是优先处理针对组织宝贵资产的潜在威胁。

本章小结

本章作为信息安全概述，详细论述了信息安全基础、信息安全面临的风险挑战，并介绍了信息安全基本原则，以及信息安全风险分析，针对脆弱性、威胁、风险及暴露等概念，给出了信息安全基础知识的介绍。

本章习题

1. 信息安全基础包含哪些内容？
2. 信息安全面临的风险有哪些？
3. 信息安全基本原则有哪些？

第2章

信息隐藏技术

▶ 学习目标

(1) 信息隐藏技术概述

(2) 信息隐藏技术应用领域

(3) 信息隐藏分类

(4) 隐秘通信技术

▶ 内容导学

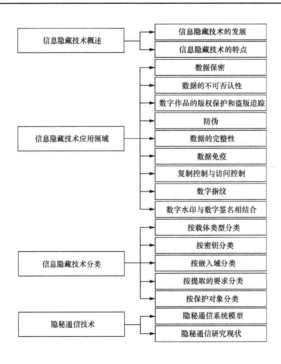

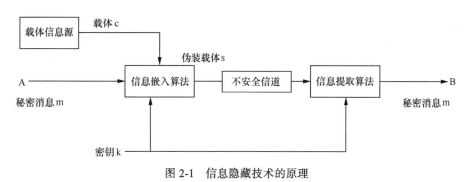

2.1　信息隐藏技术概述

计算机网络技术和多媒体技术的快速发展，在给人们的生活带来便利的同时，也带来了信息安全隐患。人们为了保护用户的信息安全，提出了很多方法，例如加密技术，利用技术手段把重要的数据变为乱码（加密）进行传送，到达目的地后再用相同或不同的手段还原（解密），即只有接收者才可以解读数据。但若信息在传输过程中被解密，则相当于加密失败，信息又会暴露在容易被截取、泄露和篡改的环境中，同时，在接收者解密数据后，信息相当于失去保护，无法保证其后续的安全问题。为此人们引入了信息隐藏技术，来实现对信息的长久保护。

信息隐藏是指将版权信息隐藏在可公开的媒体信息中，这些信息是人们凭直观的视觉和听觉很难察觉到的，日后即便信息完成了从发送者到接收者的传输，版权所有者仍可通过解读这些隐藏在多媒体中的信息来识别和追踪各种侵权行为。信息隐藏的载体可以是图像、声音、视频或文本文档等任何一种数字媒体。与密码学不同的是，密码仅仅隐藏了信息的内容，信息隐藏技术不但隐藏了信息的内容，而且隐藏了信息的存在，因此信息隐藏比信息加密更加安全，因为其不容易引起攻击者的注意。信息隐藏技术的原理如图 2-1 所示。

图 2-1　信息隐藏技术的原理

信息隐藏技术可分为 4 类。①隐秘信道：将原本不打算用于传输信息的信道用来传输信息。②伪装术：将秘密信息隐藏到另一个看似普通的信息中，从而隐藏真实信息的存在，以达到安全通信的目的。伪装术分为基于语义的伪装术和基于技术的伪装术。③匿名通信：通过隐藏通信的源和目的地信息来达到信息隐藏的目的。④版权标识：在数字化产品中嵌入标记信息，以达到保护版权的目的。版权标识分为稳健的版权标识和脆弱的版权标识。水印和指纹属于稳健的版权标识范畴，水印又分为不可见水印和可见水印。

2.1.1　信息隐藏技术的发展

信息隐藏是一门交叉学科，它涉及数学、密码学、信息论、计算机视觉以及其他计算机应用技术，是各国研究者所关注和研究的热点。它的原理是利用载体中存在的冗余信息来隐藏秘密对象，以实现保密通信或者实现数字签名和认证。信息隐藏早在古代就应用于保密信息的传输过程，随着计算机和互联网的产生和发展，现代信息隐藏技术与多媒体紧密相连用于保护信息安全，并逐渐走向成熟。

1. 古代的隐写术——技术性

我国信息隐藏的发展很大程度上得益于战争中隐蔽通信的需要，我国古代有文字可考的最早的信息隐藏见于《六韬》中对"阴符"和"阴书"的记载。"阴符"是古代战争中采用的高度保密的通信方式。"阴符"是指形制、花纹不同的兵符，每一种兵符表示一种固定的含义。这种含义须事先约定好，只有当事人可以理解，若兵符被敌方截获，他们也不会知道其中的含义。

"阴书"的用法与阴符相似，但阴书所要传达的情报内容要更多。一般情况下，将所要传递的书信分解为 3 封，只有 3 封信合在一起，才能了解其内容。发信者将 3 封信交给 3 个信使从不同道路送去，除非敌方将 3 个信使全抓到才能知晓信中的内容，否则只抓住一两个信使根本不可能了解到信的内容。

之后古人又发明了一种秘密传递情报的方法——"蜡书"。蜡书又名蜡丸，就是将情报书信揉成小团，外面以蜡封裹，信使可以将其藏在衣服的夹层中、发髻中，甚至埋入皮下，以防被敌方获取。

随着古代军事斗争的通信需求的增加，又出现了一种比蜡书更为方便、安全而又能秘密传送各种情报的传递技术，它类似于现在的密码技术，被称为"隐语"。所谓隐语，就是"军政急难，不可使众知，因假物另隐语谕之"。早在春秋时期的军事行动中就有使用隐语的记载。到了宋代，又出现了一种称为"字验"的军中密码，其方法是先把军中联络的有关事项编为 40 项，如请（申请）刀、请箭、请进军、请固守等。将这些联络事项的次序平时加以熟记，凡作战前主将与每个派出作战的将军相约，双方以某一首没有重复用字的五言律诗为"字验"。若有事报告，就可以随意写成一封书信，将要报告的事的次序，对应于诗中的第几个字，然后再在普通书信中的某字旁边加上记号即可，收信人的回复也如法炮制。例如主将与派出将领以杜甫的《春望》为字验，在给主将的信中，被派出侦察敌情的将领便可在信中设法写进"抵"与"簪"二字，并在其旁边加一个小墨点注明，那么主将看到信并发现"抵"与"簪"是诗中的第 28 个和第 40 个字时，就知道这是第 28 项军情和第 40 项军情，即"战获小胜，敌方仍在固守"。这种技术运用于情报传递中具有方便、快捷、保密等特点。

历史上，古人发明了这样的"安全协议"：发送者和接收者各自拥有一些相同的纸模板，在这些模板上随机地选择一些位置挖洞。发送者把他的纸模板放在一张纸上，把保密消息写到那些空洞对应的位置，然后拿走纸模板，最后在纸的其他位置写上其他的字，从而组成一段掩饰消息。接收者要读出隐藏的消息，只需把自己的纸模板覆盖在纸上即可。

下面的例子展示了纸模板的秘密通信原理。

I love you

I have you

deep under

my skin my

love lasts

forever in

hyperspace

显然，这段话像一段充满爱意的情诗。然而，如果我们用形如图 2-2 所示的带孔的纸板罩在上面的话就得到一些字母，如果我们把这些字母按扫描线顺序排列起来，再添加适当的空格，就会得到杀人指令"you kill at once"。

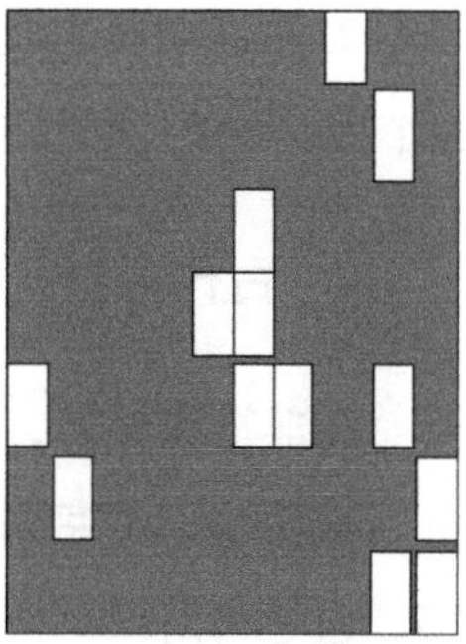

信息隐藏中一个重要的子学科是隐写术。它来自于希腊词根，字面意义是"密写"，它通常被解释为把信息隐藏于其他信息当中。例如，通过在一份报纸上用隐形墨水标记特定的字母，达到给间谍发送消息的目的，或者在声音记录中某个特定的地方添加难以察觉的回音。

国外关于隐写术有史可考的最早记录现于 Herodotos（希罗多德，公元前 484—公元前 425）所著的 *Histories*（《历史》）一书，书

图 2-2　带孔的纸板

中讲述了公元前 440 年前后发生一个故事：Histieus（某奴隶主）剃光了他最信任的一个奴隶的头发，并在这个奴隶的头皮上面刺了一条消息，在奴隶的头发重新长出来之后，Histieus 把奴隶派遣到他的朋友处，他的朋友把该奴隶的头发剃光就获得了秘密信息。同样的方法在 20 世纪初还被某些德国间谍所采用。

Herodotos 还讲述了一个在波斯的希腊人，为了告诉斯巴达（Sparta）关于薛西斯一世（Xerxes）的迫在眉睫的入侵消息，从一块写字板上划掉一块蜡，然后把入侵的秘密消息写在下面，再用蜡覆盖在上面完成秘密信息的隐藏，这样的写字板看上去就像空白的。

信息隐藏技术的发展还得益于不可见墨水的使用。它们由最初的果汁、牛奶或尿液发展到复杂的化学混合物，这些材料的共有特征是随着温度的升高而显影。随着化学技术的进步，在第一次世界大战中出现了"通用显影设备"，它可以根据纤维表面的效果判断出纸张的哪一部分被蘸湿过，不可见墨水也就被摒弃了。

1860 年，图像缩微技术已较为成熟。在 1870—1871 年爆发的法国和普鲁士的战争中，当巴黎被围困时，鸽子带出了隐藏在缩微胶卷上的消息。在 1905 年的日俄战争中，缩微图像被隐藏于耳朵、鼻孔中，甚至指甲之下。在第一次世界大战中，间谍收发的消息通过几

次照相缩小成为细小的点，然后把这些点粘贴在那些无关紧要的掩饰材料，如杂志中、印刷的逗号之上。

这一时期，还出现了一种新的加密技术 NULL ciphers（未加密的信息），对第三方而言是很难察觉的。如下面一个例子：

Fishing freshwater bends and saltwater coasts rewards anyone

feeling stressed. Resourceful anglers usually find masterful

leapers fun and admit swordfish rank overwhelming anyday.

取每个单词中的第 3 个字母就得到了如下秘密信息：

Send Lawyers, Guns, and Money。

除上述常见方式外，部分信息隐藏技术还依赖于特定的环境，比如流星突发通信是一种衍生于军方的技术，它使用因流星进入大气层引发的电离拖曳而形成的短暂无线通路，在基站和移动站之间发送数据包。这些通路的短暂性使得敌方难以使用无线信号定位移动站，所以这种流星突发通信技术被用于许多军方网络。

2. 古代的隐写术——语言学

在非军事领域，藏头诗和嵌字诗是信息隐藏的典型代表。

藏头诗，即每句头字皆藏于每句尾字也。就是说每句的第一字，都隐藏于前句的末一字。这是利用汉字中合体字多的特点，从前句末一字分离出其中的一个"部件"，作为次句的首字，所以称为藏头诗或藏头拆字诗。藏头诗以下面这首白居易的《游紫霄宫七言八句》为最早。

游紫霄宫七言八句

水洗尘埃道未尝，甘于名利两相忘。

心怀六洞丹霞客，口诵三清紫府章。

十里采莲歌达旦，一轮明月桂飘香。

日高公子还相觅，见得山中好酒浆。

有的诗人不明藏头诗的含义，而把嵌字诗（嵌于句首）当作藏头诗，这是不对的。

读过《水浒传》的人都知道"吴用智赚玉麒麟"的故事。吴用扮成一个算命先生，悄悄来到卢俊义的庄上，利用卢俊义正为躲避"血光之灾"的惶恐心理，口占四句卦歌，并让他端书在家宅的墙壁上。这四句卦歌是：

芦花丛里一扁舟，

俊杰俄从此地游。

义士若能知此理，

反躬逃难可无忧。

吴用在这四句卦歌里，巧妙地把"卢俊义反" 4 个字暗藏于四句之首。这首诗后来被官府作为卢俊义造反的证据，并终将其逼上梁山。

国外最著名的藏头诗的例子有 Giovanni Boccaccio（乔万尼·薄伽丘，1313—1375）创作的 *Amorosa visione*，据说是"世界上最宏伟的藏头诗"。他先创作了 3 首 14 行诗，大约有 1500 个字母，然后创作了另一首诗，使连续押韵诗句的第 1 个字母恰好对应那 3 首 14 行诗的各字母。

在 16 世纪和 17 世纪，涌现了许多关于隐写术的著作，其中许多新颖的方法依赖于信息编码。在斯科特（Schott，1608—1666）400 页的著作 *Schola Steganographica* 中，他阐述了如何在音乐乐谱中隐藏消息，即每个音符对应一个字符，如图 2-3 所示。

图 2-3 在音乐乐谱中隐藏消息

英文字母并非是由英国人创造的，而是在约 3500 年前由腓尼基人发明的。腓尼基人精于航海和经商，他们把极为有用的 22 个字母传到了希腊。希腊人经过增添定下了 23 个字母。英国人是在罗马人之后学到这些字母的，他们又增加了 J、U 和 W，才形成今日的 26 个英文字母，类似的还有《福尔摩斯探案集》中的 dancing men，如图 2-4 所示。

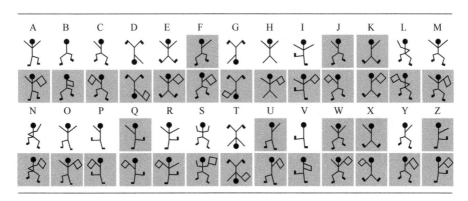

图 2-4 《福尔摩斯探案集》中的 dancing men

这类方法在一定程度上可以达到隐秘通信的效果，但当遇到福尔摩斯时，其隐秘性就大大降低了（福尔摩斯通过词频统计和单词联想等方式成功将 dancing man 破解）。

3. 古代的隐写术——用于版权保护

水印是指在数字媒体上加的防止他人盗图的半透明 logo、图标。数字水印技术是对传统信息加密技术的补充，被认为是解决数字媒体信息安全问题的最具有潜力的技术之一，人们利用图像冗余，在不影响原载体的商业价值和使用价值的前提下，将数字水印永久地嵌入需要被保护的载体中，以实现对数字载体的长久的版权保护。

嵌入载体的数字水印信息可以是文字、印章、指纹、商标或者其他防伪商标等，它以可见的、半透明的、不可见的形式嵌入印刷品的内容之中，且水印信息可以嵌入多层，可同时采用可见的、半透明的、不可见数字水印的各种组合形式。

在造纸机上都用修饰辊（水印辊）压制湿纸页形成水印，修饰辊可根据需要雕刻出各种花纹或图案。

通常纸币、证件、证券、粮票等都采用水印，以防止造假，如图 2-5 所示。例如 2015 年版 100 元人民币票面的左边空白处透光可见的头像就是水印。最早的水印可追溯到 8 世纪末或 9 世纪初，是由我国唐代造纸工匠创造的。当时是在竹帘上用丝线编织花纹，花纹处比帘面突出一些，故成纸时相对应的部位纤维交织得薄一些，则透光程度高一些，于是便得到水印效果。

图 2-5　纸币中的水印

4. 近代信息隐藏技术

近代信息隐藏技术有如下几种。① 微粒技术，微粒是指极细小的颗粒，包括肉眼看不到的分子、原子、离子等以及它们的组合。人们采用信息隐藏技术，把胶片制作成句点大小的微粒，隐藏在标点符号中，这样胶片作为被隐藏信息就被很好地藏在了文本等信息载体中，从而得到保护。② 扩频通信技术，信息隐藏在宽频随机噪声中的通信方式，指的是其传输信息所用信号的带宽远大于信息本身的带宽。之前扩频通信主要用于军事保密通信和电子对抗系统，后来逐步转向"商业化"。目前扩频通信在我国电力、金融、公安、交通等行业取得了明显的社会、经济效益。③ 符号码，用非文字的东西来表示文字消息的内容，如把手表指针拧到不同的位置表示不同的含义。

5. 现代信息隐藏

古老的信息伪装的手段和应用条件有很大的局限性，信息隐藏技术在很长的一段时间内都没有受到重视，不论是在研究领域还是实际应用中都没有取得很大的进展，随着计算机和互联网的发展，信息安全问题也随之暴露出来，信息隐藏技术便越来越受到人们的重视。

现代信息隐藏技术可以追溯到 Simmons 于 1983 年提出的代表性的"罪犯问题"。在该问题中，监狱中的两名罪犯 Alice 和 Bob 准备策划一次越狱行动，他们之间的任何联络通信都要经过看守 Willie，如果 Willie 发现 Alice 和 Bob 有任何加密信息的传送，他将会拆穿他们的计划。这一问题一经提出就掀起了人们研究信息隐藏课题的热情。在国际上正式提出数字化信息隐藏研究是在 1992 年。1996 年 5 月 30 日～1996 年 6 月 1 日，在英国剑桥牛顿研究所召开了第一届国际信息隐藏学术研讨会，这标志着信息隐藏学这门新兴的交叉学科的正式诞生。此后，国际上已举行了十几次国际信息隐藏学术研讨会。在 IEEE、ACM、SPIE 等学术组织主办的学术会议和期刊中也发表了大量信息隐藏方面的研究成果。

2.1.2　信息隐藏技术的特点

信息隐藏技术必须考虑正常的信息操作所造成的威胁，即要使机密资料对正常的数据操作技术具有免疫能力。这种免疫能力的关键是要使隐藏信息部分不易被正常的数据操作（如通常的信号变换操作或数据压缩）破坏。根据信息隐藏的目的和技术要求，该技术存在以下特点（重要特点如图 2-6 所示）。

1. 不可感知性

不可感知性也叫隐蔽性，这是信息伪装的基本要求。利用人类视觉系统属性或人类听觉系统属性，经过一系列隐藏处理，使目标数据与原来的数据没有明显的不同，而隐藏的数据无法被人为地看见或听见。也就是说载入信息的伪装载体和原装载体大体是相近的，人的视觉或听觉应该是感知不到的。

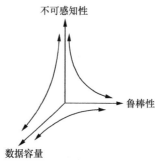

图 2-6　数据隐藏的特点

2. 鲁棒性

鲁棒性指嵌入水印后的数据经过各种处理操作和攻击操作后，不会导致其水印丢失或被破坏的能力。这里的攻击操作包括传输过程中的信道噪声干扰、滤波操作、重采样、有损编码压缩、D/A 或 A/D 转换等。

3. 不可检测性

不可检测性指隐蔽载体与原始载体具有一致的特性，如具有一致的统计噪声分布等，以便使非法拦截者无法判断载体中是否有隐蔽信息，不可检测性是信息隐藏的目的。

4. 安全性

安全性指隐藏算法有较强的抗攻击能力，即它必须能够承受一定程度的人为攻击，而使隐藏信息不会被破坏。隐藏的信息内容应是安全的，应经过精密处理后再隐藏，同时隐藏的具体位置也应是安全的，至少不会因格式变换而遭到破坏。

5. 复杂性

复杂性是指水印的嵌入和提取算法的复杂度低，易于推广使用。

6. 自恢复性

一些操作或变换可能会对原图产生较大的破坏，如果只根据留下的片段数据就能恢复隐藏信号，恢复过程不需要宿主信号，这就是所谓的自恢复性。

7. 对称性

通常信息的隐藏和提取过程具有对称性，包括编码、加密方式，以减少存取难度。

8. 可纠错性

为了保证隐藏信息的完整性，使其在经过各种操作和变换后仍能很好地恢复，通常采取纠错编码的方法。

2.2 信息隐藏技术应用领域

1. 数据保密

数据保密，即在因特网上传输一些秘密数据时，要防止被非授权用户截取并使用，这是网络安全的一个重要内容。随着经济的全球化，这一点不仅涉及政治、军事，还将涉及商业、金融和个人隐私等方面。而我们可以通过使用信息隐藏技术来保护必须在网上交流的信息，如电子商务中的敏感数据、谈判双方的秘密协议及合同、网上银行交易中的敏感信息、重要文件的数字签名和个人隐私等，这样就可以不引起好事者的注意，从而保护了这些数据。另外，还可以对一些不愿意为别人所知的内容使用信息隐藏的方式进行隐蔽存储，使得只有掌握识别软件的人才能读出这些内容。

2．数据的不可否认性

在网上交易中，交易双方的任何一方都不能否认自己曾经做出的行为，也不能否认曾经接收到对方的信息，这是交易系统中的一个重要环节。这可以使用信息隐藏技术中的水印技术，在交易体系中的任何一方发送或接收信息时，将各自的特征标记以水印的形式加入传递的信息中。这种水印应是不能被去除的，以此达到确认交易体系中任何一方的行为的目的。

3．数字作品的版权保护和盗版源追踪

版权保护、盗版源追踪，是信息隐藏技术的一个重要应用方向。版权保护是信息隐藏技术中的水印技术所试图解决的一个重要问题。数字服务越来越多，如数字图书馆、数字图书出版、数字电视、数字新闻等，这些服务提供的都是数字作品，数字作品易修改、易复制，这在今天已经成为迫切需要解决的实际问题。不解决好这个问题，将极大地损害服务提供商的利益，阻碍先进技术的推广和发展。数字水印技术可以成为解决此难题的一种方案。服务提供商在向用户发放作品的同时，将双方的信息代码以水印的形式隐藏在作品中，这种水印从理论上讲应该是不能被破坏的。当发现数字作品被非法传播时，可以通过提取出的水印代码追查非法散播者。

4．防伪

商务活动中的各种票据的防伪也使信息隐藏技术有用武之地。数字票据中隐藏的水印经过打印后仍然存在，可以通过再扫描的方式转回数字形式，提取防伪水印，以证实票据的真实性。

5．数据的完整性

即确认数据在传输和存储过程中没有被篡改。采用脆弱水印技术保护的媒体一旦被篡改，则会导致数据被破坏，所以需要保证数据的完整性。

6．数据免疫

所谓数据免疫是指不会因宿主文件经历了某些变化或处理而导致隐藏信息丢失的能

力。某些变化和处理包括传输过程中的信道噪声干扰，过滤操作，再取样，再量化，D/A、A/D 转换，无损、有损编码压缩，剪切，位移等。

7. 复制控制与访问控制

数字媒体中嵌入的秘密数字水印信息可以有条件地控制哪些人可以访问该媒体中的内容，阻止未授权的用户复制被保护的载体，防止未授权用户将被保护的内容用于其他地方。

8. 数字指纹

数字指纹是将标志性识别代码——指纹，利用数字水印技术嵌入数字媒体中，然后将嵌入了指纹的数字媒体分发给用户。发行商发现盗版行为后，就能通过提取盗版产品中的指纹确定非法复制的来源，对盗版者进行起诉，从而保护版权。

9. 数字水印与数字签名相结合

把数字签名作为水印隐藏在图像中，嵌入水印后载体图像和原始图像基本上无明显差异，即该水印图像的透明性良好，且在嵌入水印后的图像未受到攻击的前提下，从中提取出的水印图像非常清晰。信息接收者可方便地得到签名信息，然后再用密钥验证图像的真伪。

2.3 信息隐藏技术分类

信息隐藏技术可以按载体类型、密钥、嵌入域、提取的要求和保护对象进行分类。

2.3.1 按载体类型分类

1. 图像

图像是客观对象的一种可视化表示，它包含了被描述对象的相关信息。它是人们最主要的信息源，是人类社会活动中最常用的信息载体。图像隐秘通信指在人眼无法感知的数字化图像成分中嵌入秘密信息，通常通过对部分图像数据（空域）或描述图像的参数（变换域）进行一定的修改或替换来实现。这种修改或替换操作主要利用了人类的视觉心理特性。

2. 视频

视频是由许多图像组成的，连续的图像变化每秒超过 24 帧画面时，根据视觉暂留原理，人眼无法辨别单幅静态画面，因此看上去是平滑连续的视觉效果，我们将这种连续的画面叫作视频。视频隐秘通信指在数字化视频中嵌入秘密信息,原理类似于图像秘密通信。

3. 音频

人类能够听到的所有声音都被称为音频,可能包括噪声等。声音被录制下来以后,无论是说话声、歌声、乐器声,人们都可以通过数字音乐软件来对它们进行处理,或是把它们制作成 CD,这时候所有的声音都没有改变,因为 CD 本来就是音频文件的一种类型,而音频只是存储在计算机里的声音。音频隐秘通信指在数字化音频中人耳无法感知的成分中嵌入秘密信息,通常通过对部分音频数据(空域)或描述音频信号的参数(变换域)进行一定的修改或替换来实现。这种修改或替换操作主要利用了人类的听觉心理特性。

4. 文本

一个文本可以是一个句子、一个段落或者一个篇章。文本隐秘通信可以通过在格式文本文件中适当微调一些排版来隐藏信息,典型的方法有行移编码、字移编码和特征编码。

5. 软件

软件是与计算机系统操作有关的计算机程序、规程、规则,以及可能有关的文件、文档和数据。

6. 通信协议

通信协议是指双方实体完成通信或服务所必须遵循的规则和约定。网络层隐秘通信指利用网络协议中一些未用到的格式区域或保留区域来传递信息。

2.3.2 按密钥分类

1. 对称加密算法

对称加密算法是应用较早的加密算法,技术比较成熟。在对称加密算法中,数据发送方将明文(原始数据)和加密密钥一起经过特殊加密算法处理后,使其变成复杂的加密密文发送出去。接收方收到密文后,若想解读原文,则需要使用加密用过的密钥及相同算法的逆算法对密文进行解密,才能使其恢复成可读明文。在对称加密算法中,使用的密钥只有一个,收发信双方都要使用这个密钥对数据进行加密和解密,这就要求解密方事先必须知道加密密钥。

对称加密(也称为私钥加密)指加密和解密使用相同密钥的加密算法,有时又称为传统密码算法,即能够从解密密钥中推算出加密密钥,同时也可以从加密密钥中推算出解密密钥。而在大多数的对称加密算法中，加密密钥和解密密钥是相同的，所以也称这种加密算法为秘密密钥算法或单密钥算法。它要求发送方和接收方在安全通信之前，商定一个密钥。对称加密算法的安全性依赖于密钥的保密性，泄露密钥就意味着任何人都可以对他们发送或接收的消息进行解密，所以密钥的保密性对通信的安全性至关重要。

对称加密算法的优点是算法公开、计算量小、加密速度快、加密效率高。不足之处是交易双方都使用同样的钥匙，安全性得不到保证。此外，每对用户每次使用对称加密算法时，都需要使用其他人不知道的唯一钥匙，这会使得发收信双方所拥有的钥匙数量呈几何级数增长，密钥管理成为用户的负担。在分布式网络系统上使用对称加密算法较为困难，主要是因为密钥管理困难，使用成本较高。基于"对称密钥"的加密算法主要有 DES、TripleDES、RC2、RC4、RC5 和 Blowfish 等。

2. 公钥加密算法

公钥加密，也叫非对称（密钥）加密（Public Key Encryption），指的是由对应的一对唯一性密钥（即公开密钥和私有密钥）组成的加密方法。它解决了密钥的发布和管理问题，是商业密码的核心。

非对称密钥是指一对加密密钥与解密密钥，这两个密钥是数学相关的，用某用户密钥加密后所得的信息，只能用该用户的解密密钥才能解密。如果知道了其中一个，并不能计算出另外一个。因此如果公开了一对密钥中的一个，并不会危害到另外一个的秘密性质。我们称公开的密钥为公钥，不公开的密钥为私钥。

如果加密密钥是公开的，可对私钥所有者上传的数据进行加密，这被称作公开密钥加密（狭义）。例如，网络银行的客户发给银行网站的账户操作的加密数据。

如果解密密钥是公开的，用私钥加密的信息可以用公钥对其进行解密，用于客户验证持有私钥一方发布的数据或文件是完整准确的，接收者由此可知这条信息确实来自于拥有私钥的某人，这被称作数字签名，公钥的形式就是数字证书。例如，从网上下载的安装程序，一般都带有程序制作者的数字签名，可以证明该程序的确是该作者（公司）发布的而不是第三方伪造的且未被篡改过（身份认证/验证）。

使用最广泛的 RSA 算法（由发明者 Rivest、Shamir 和 Adleman 姓氏首字母缩写而来）是著名的非对称加密算法。ElGamal 是另一种常用的非对称加密算法。

2.3.3 按嵌入域分类

1. 空域隐写

空域算法是将信息嵌入随机选择的图像点中最低有效位（Least Significant Bits, LSB）

上，这可以保证嵌入的水印是不可见的，但是由于使用了图像最不重要的像素位，算法的鲁棒性差，水印信息很容易被滤波、图像量化、几何变形的操作破坏。另外一个常用方法是利用图像像素的统计特征将信息嵌入像素的亮度值中。

LSB 算法是一种基于空间域的图像加密算法，它采用直接改变图像中像素的最后 4 位来嵌入秘密文件。秘密文件的传输过程可相应地分为 3 个阶段：嵌入过程、传播过程、抽取过程，就整体设计方案而言，可以用模型来概括。

从待检测的载体信号（Signal）中提取出秘密信息。秘密信息指在传送时要隐藏的信息，包括图像、声音、文字等。

这是一种典型的空间域数据隐藏方法，蒂默（L.F.Tumer）与施恩德尔（R.G.Van Schyndel）等先后利用此方法将特定的标记隐藏于数字音频和数字图像内。对图像数据而言，一幅图像的每个像素都是以多比特的方式构成的，在灰度图像中，每个像素通常为 8 位；在真彩色图像（RGB 方式）中，每个像素为 24 位，其中 RGB 三色各为 8 位，每一位的取值为 0 或 1。在数字图像中，每个像素的各个位对图像的贡献是不同的。

把整个图像分解为 8 个位平面，从 LSB（最低有效位 0）到 MSB（最高有效位 7）。从位平面的分布来看，随着位平面从低位到高位（从位平面 0 到位平面 7），位平面图像的特征逐渐变得复杂，细节不断增加。到了比较低的位平面时，单纯从一幅位平面上已经逐渐看不出测试图像的信息了。由于低位所代表的能量很少，改变低位对图像的质量没有太大的影响，LSB 算法正是利用这一点在图像低位上藏入水印信息。

LSB 算法，就是通常把信息隐藏在图像像素的最后几位，这时信息通常是文本。把文本转化成二进制代码，然后把它嵌入到图像像素的最后几位，这样做的好处是对图片的损耗很小，肉眼几乎无法分辨，该算法实现起来比较简单，且不可见性好，而且抵抗图像剪切和 JPEG 压缩的能力较强，算法的实现复杂度较低，加密效果较好，安全性较高。但鲁棒性差，轻微的噪声和压缩就有可能破坏水印，而且算法一旦被发现，对方就可以轻易改变水印信息。

2. 变换域隐写

基于变换域的数字水印技术往往采用类似于扩频图像的技术来隐藏水印信息。这类技术一般基于常用的图像变换（基于局部或是全局的变换），这些变换包括离散余弦变换（Discrete Cosine Transform，DCT）、离散小波变换（Discrete Wavelet Transform，DWT）、离散傅里叶变换（Discrete Fourier Transform，DFT）、傅里叶-梅林变换（Fourie-Mellin Transform）以及阿达马变换（Hadamard Transformation）等。

根据离散傅里叶变换的性质，实偶函数的傅里叶变换只含实的余弦项，因此构造了一种实数域的变换——DCT。通过研究发现，DCT 除了具有一般的正交变换性质，其变换矩阵的基向量近似于托普利茨矩阵的特征向量，后者体现了人类的语言、图像信号的相关特性。因此，在对语音、图像信号进行变换的确定的变换矩阵正交变换中，DCT 被认为是一种准最佳变换。

由于 DCT 能够将空域的信号转换到频域上，因此具有良好的去相关性。DCT 变换本身是无损的且具有对称性。对原始图像进行离散余弦变换，变换后 DCT 系数能量主要集中在左上角，其余大部分系数接近于零。对变换后的 DCT 系数进行门限操作，将小于一定值的系数归零，这就是图像压缩中的量化过程，然后进行逆 DCT 运算，可以得到压缩后的图像。离散余弦变换的原理如图 2-7 所示。

$$F(u) = c(u) \sum_{i=0}^{N-1} f(i) \cos \left[\frac{(i+0.5)\pi}{N} u \right]$$

$$c(u) = \begin{cases} \sqrt{\dfrac{1}{N}}, & u = 0 \\ \sqrt{\dfrac{2}{N}}, & u \neq 0 \end{cases}$$

图 2-7　一维 DCT

其中，$f(i)$ 为原始的信号，$F(u)$ 是 DCT 后的系数，N 为原始信号的点数，$c(u)$ 可以被认为是一个补偿系数，可以使 DCT 矩阵为正交矩阵，二维 DCT 如图 2-8 所示。

$$F(u,v) = c(u)c(v) \sum_{i=0}^{N-1} \sum_{j=0}^{N-1} f(i,j) \cos \left[\frac{(i+0.5)\pi}{N} u \right] \cos \left[\frac{(j+0.5)\pi}{N} v \right]$$

$$c(u) = \begin{cases} \sqrt{\dfrac{1}{N}}, & u = 0 \\ \sqrt{\dfrac{2}{N}}, & u \neq 0 \end{cases}$$

图 2-8　二维 DCT

其中，$f(i, j)$ 为原始的信号，$F(u, v)$ 是 DCT 后的系数，N 为原始信号的点数，$c(u)$、$c(v)$ 可以认为是补偿系数，可以使 DCT 矩阵为正交矩阵。

2.3.4　按提取的要求分类

根据在提取隐藏信息时是否需要利用原始载体，信息隐藏技术可分为以下两类。

1. 盲隐藏

若在提取隐藏信息时不需要利用原始载体则是盲隐藏技术，虽然使用原始的载体数据更便于检测和提取隐藏信息，但是在数据监控和跟踪等场合，我们并不能获得原始的载体。

对于其他的一些应用，如视频水印，即使可以获得原始载体，但由于数据量巨大，要使用原始载体也是不现实的。因此目前主要采用的是盲隐藏技术。

2. 非盲隐藏

若在提取隐藏信息时需要利用原始载体则是非盲隐藏技术。在可以获得原始信息载体的时候，我们在原始载体数据的基础上检测和提取信息，这种方式比盲隐藏更方便一些。

2.3.5　按保护对象分类

1. 隐写术

隐写技术目的是在不引起任何怀疑的情况下秘密传送消息，因此它的主要要求是不被检测到和大容量等。例如在利用数字图像实现秘密消息隐藏时，就是在合成器中利用人的视觉元素把待隐藏的消息加密后嵌入数字图像中，使人无法从图像的外观上发现有什么变化。加密操作一方面是将嵌入图像中的内容变为伪随机序列，使数字图像的各种统计值不发生明显的变化，从而增加监测的难度，当然还可以采用校验码和纠错码等方法提高抗干扰的能力，而通过公开信道接收到隐写文档的一方则用分离器把隐蔽的消息分离出来。在这个过程中必须充分考虑到在公开信道中被检测和干扰的可能性，隐写术相对来说已经是比较成熟的信息隐藏技术了。

2. 数字水印

嵌在数字产品中的数字信号，可以是图像、文字、符号、数字等一切可以作为标识和标记的信息，其目的是进行版权保护、所有权证明、指纹追踪（追踪发布多份拷贝）和完整性保护等。因此它的要求是鲁棒性和不可感知性等，还可以根据应用领域的不同将数字水印划分为许多具体的分类，例如用于保护版权的稳健水印，用于保护数据完整性的易损水印等，其中用于保护版权的稳健水印是目前研究的热点。

2.4　隐秘通信技术

隐秘通信，也被称为隐写术，就是建立用来传送秘密信息的隐秘信道，从而安全地传输秘密信息。隐秘通信可分为两个主要的研究方向：防检测保护和防修改保护。防检测保护是指人或计算机不能察觉原始载体被某种技术修改，因而更强调隐秘性，使得潜在的攻击者察觉不到通信事件的存在；防修改保护要求隐秘通信对普通攻击有一定的鲁棒性，在保证不降低载体质量及保证其有效性的前提下，可阻止修改或去除隐藏信息。若信息安全隐患得不到及时有效的处理，将全方位危及社会的政治、经济、文化等各个方面，这直接推动了多媒体隐秘通信技术的研究和利用。

虽然隐秘通信技术的发展已经有很长的历史，但多媒体隐秘通信技术却是近年来才出现的一个新的研究领域。该技术与密码技术的不同点在于，密码技术隐藏信息的"内容"，而隐秘通信技术则隐藏信息的"存在性"。多媒体隐秘通信技术的出现为信息安全技术领域开辟了一条全新的途径，有着非常可观的发展前景。

现代隐秘通信技术是以多媒体技术为基础的，之所以能够使用多媒体数据进行隐秘通信是因为一方面多媒体信息本身存在很大的冗余性，从信息论的角度看，未压缩的多媒体信息的编码效率是很低的，所以将某些信息嵌入到多媒体信息中进行秘密传送是完全可行的，并不会影响多媒体信息本身的传送和使用；另一方面，人眼或人耳本身对某些信息就有一定的掩蔽效应，比如人眼对灰度的分辨率只有几十个灰度级，对边缘附近的信息不敏感等。利用人类感知系统的这些特点，可以很好地将通信过程隐蔽而不被他人察觉。

2.4.1　隐秘通信系统模型

任何技术的发展都离不开理论的指导，完善的理论体系能够很好地指导技术的实际应用，对某项技术的理论研究为之后在实际生活中应用该技术打下坚实的基础，而完善的评价体系应从定性和定量两个方面对某项具体的技术进行评估。许多领域的实践经验表明，仅仅从思想上加以改进而没有理论支持的技术是难以为使用者提供安全性保障的，因而也难以被大规模应用。在密码系统中，对消息加密可看作向消息中加入噪声。密文可看作是经过干扰的信道接收到的消息，当然这种干扰是发送者有意加入的，使窃听者无法得到消息。基于这一观点，香农于 1948 年发表了《通信的数学理论》，第二年又发表了《保密系统的通信理论》，用信息论的观点和概率统计等数学知识，系统阐述了信息保密的基本理论，奠定了理论密码学的基础，从而使密码学由艺术变为科学。密码学的研究对象是密码系统模型的建立、密码的安全性分析及密码破译等，所研究的安全性准则是密码系统的理论安全性，也称无条件安全性。根据理论密码学所提出的密码系统，其安全性是最强的，且在理论上可以得到证明，如所谓的"一次一密"体制，如图 2-9 所示。

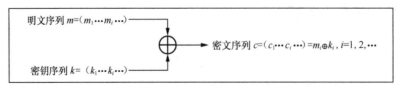

明文序列 $m=(m_1 \cdots m_i \cdots)$

密文序列 $c=(c_1 \cdots c_i \cdots) = m_i \oplus k_i, i=1, 2, \cdots$

密钥序列 $k=(k_1 \cdots k_i \cdots)$

图 2-9　"一次一密"体制

在"一次一密"体制中，首先通信双方约定要选用一个永不重复的无限长的随机密码序列，且要已知起始状态，以便收、发信息双方的密钥严格同步。其次，所选用的密钥序

列 k 与明文序列 m 在统计上完全独立。由于产生满足上述条件的纯随机序列密码的困难性，人们又寻找新的途径进行密码的研究与设计。复杂性理论提供了一种分析不同密码技术和算法的计算复杂性的方法。信息论告诉我们，除"一次一密"体制外的所有密码算法都能被破译，而复杂性理论则告诉我们破译密码所需要的计算能力和时间代价。应用密码学就是运用复杂性理论的观点和方法研究密码系统模型的建立、密码的安全性分析及密码破译等。它所研究的安全性准则是密码系统的实际安全性，也被称为有条件安全性，即假定密码分析者的计算资源是有限的，受到某些条件的限制。加密变换采用的最基本措施是扩散和混淆，所谓扩散就是将每一比特明文的影响扩散到多个输出的密文中，而混淆则是使密文和明文的统计特性之间的关系复杂化。

20 世纪 70 年代中期，Diffie 和 Hellman 提出了公钥密码系统，自那以来，复杂性理论密码学在理论上和应用上都得到了很大的发展，许多新的密码系统被提出，如 RSA 体制、背包体制、McEliece 系统、二次剩余系统等。但这类密码系统有一个弱点，就是它的安全性基于某个难解问题或只能抵抗某种攻击，不能在理论上得到证明。关于加密系统的安全性，1883 年，Kerckhoffs 阐明了加密工程中的第一原则，即保密系统中所使用的加密体制和算法应当是公开的，系统的安全性也只能依赖于密钥的选取。因此，任何通过对加密体制或加密算法进行封锁来实现系统安全的做法都是靠不住的。在隐秘通信技术中应该保留这一核心安全原则，即应用广泛的隐秘通信方法应该被公布，隐藏信息的安全性能应当仅依赖于密钥的保密性。深入系统的密码学理论研究有效地促进了传统密码学的发展和应用，使之逐渐成为一个崭新的科学领域。

隐秘通信技术也不例外，对其理论体系的研究同样有着十分重要的意义。隐秘通信技术潜在的应用前景以及在实践中的具体情况也要求我们建立起一个理论体系来为该技术的可行性和安全性提供保障。对于隐秘通信系统而言，由于它与密码学都是以研究安全秘密通信为目的，所以很自然地引出了一些观点，是否可以借鉴密码学中的一些概念和方法来研究隐秘通信的一些基本理论问题？是否可以在香农密码系统理论以及 Simmons 认证系统信息理论的基础上再建立起一个隐秘通信系统理论？研究隐秘通信的理论问题，需要涉及信息理论、复杂性理论、密码学理论、对策论、估计理论等多门学科的知识。面对至今尚未形成完整理论体系的隐秘通信技术，许多研究人员已经开始就隐秘通信技术的一般框架、算法模型、隐藏安全性、鲁棒性、不可检测性、隐藏容量等方面开展了广泛的研究和探讨。

从隐秘通信技术的工作原理出发建立的一个典型的隐秘通信系统构成如图 2-10 所示。

（1）隐秘载体 C：是指用来注入隐秘信息的具有冗余的多媒体载体，隐秘载体将作为承载隐藏信息的多媒体数据。

（2）秘密信息 M：是指希望在传输过程中不愿被攻击者发现的信息。可以看作被保护的信息。

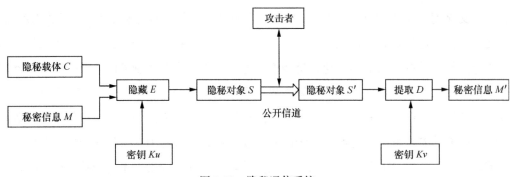

图 2-10　隐秘通信系统

（3）密钥 *Ku*：密钥是秘密的钥匙，*Ku* 是指将明文转换为密文的算法需要的参数。通过隐藏，隐秘载体和秘密信息组成了需要被传送的隐秘对象 *S*。

（4）公开信道：是指一个传输信息的系统或网络上的标准通信信道。

（5）密钥 *Kv*：接收方收到信息隐藏对象后，使用算法和参数将密文转换为明文，从中提取出信息。

（6）攻击者：在信息传输过程中企图用非法手段或技术，破坏、篡改或伪造秘密信息的人，主要包含如下几种攻击方法。

① 破坏攻击。攻击者截获隐秘对象后，在保持对象相似性的前提下，利用某种算法删除隐秘对象中的秘密信息等再发送出去，如果嵌入算法的安全性和鲁棒性不强，接收者提取并接收的秘密信息 *M'* 不是原来的秘密信息 *M*，则认为攻击者进行了一次成功的破坏攻击。

② 篡改攻击。指攻击者不仅截获了隐秘对象，而且运用某种算法篡改了秘密信息的内容，在保证修改后的隐秘对象 *S'* 与原隐秘对象 *S* 相似性的前提下将 *S'* 发送出去，如果接收者提取出了篡改的隐秘消息 *M'*，则认为攻击者进行了一次成功的篡改攻击。

③ 伪造攻击。攻击者在没有观察到隐秘对象的情况下，拟定消息 *Ma*，运用某种算法伪造一个隐秘对象 *S'*，并冒充合法发送者发送出去。如果接收者提取出了伪造的信息 *Ma*，则认为攻击者实施了一次成功的伪造攻击。

2.4.2　隐秘通信研究现状

20 世纪 70 年代计算机技术的蓬勃发展掀起了现代密码学的研究热潮，并使之发展成为了一门相对成熟的学科。随着互联网技术的迅速发展，多媒体技术也逐渐成熟，电子商务随之发展起来，这就迫切需要有效保护数字产品版权的手段，这种需要正是信息隐藏技术的主要分支——数字水印技术的发展动力。另一方面，作为信息隐藏技术另一主要分支的隐秘通信技术的研究虽然由于种种原因而没有得到充分重视，但是隐秘通信技术和数字水印技术的核心问题都是信息隐藏技术，隐秘通信技术在理论模型、数字嵌入算法、攻击研究等方面也随之得到了发展。

目前，世界各国尤其是发达国家都非常重视信息隐藏技术的理论和算法研究，并为此投入了大量的人力、物力、财力。国外众多知名研究机构，如麻省理工学院的多媒体实验室、IBM 数字实验室、剑桥大学的多媒体实验室、德国国家信息技术研究中心、日本 NEC等研究机构，都在从事这一领域的研究。因此有关这一学科的文献也呈现出一种几何级数增长趋势，据 INSPEC 统计，自从 Simmons 于 1983 年提出信息隐藏系统的经典模型（"囚犯问题"）后，1990 年第一篇关于图像数字水印的文章被发表，1992 年和 1993 年各有两篇该领域的论文，1994 年有 4 篇，1995 年有 13 篇，1996 年有 29 篇，1997 年有 64 篇，1998 年有 103 篇。1998 年以后就更多了，IEEE 分别于 1998、1999 两年出版了两个关于信息隐藏和数字水印方面的专集，Signal Processing 杂志也分别于 1998 年 5 月和 2001 年底出版了关于数字水印及其信息论模型研究方面的专刊。信息隐藏技术研究人员和组织不断增加，同时在电气电子工程师学会（IEEE）和国际光学工程学会（SPIE）的一些重要国际会议上也开辟了与信息隐藏技术相关的专题。在互联网上，由瑞典工学院的 Martin Kutter 开设的非官方水印邮件列表组在 2002 年就已经拥有了 1300 多名用户，现在用户数量仍在飞速增长。1999 年 12 月，Stefan Katzenbeisser 和 Fabien A.P.Petitcolas 等人出版了信息隐藏领域的第一本专著《信息隐藏技术——隐写术与数字水印》（Information Hiding Techniques for Steganography and Digital Watermarking）。目前，国内已有不少研究机构及大学正在从事信息隐藏方面的研究，自 1999 年底在北京电子技术应用研究所召开第一届全国信息隐藏会议（CIHW），到现在该会议已举办 15 届了。国家"863 计划""973计划"（国家重点基础研究发展规划）、国家自然科学基金等都对信息隐藏领域的研究提供了项目资金支持。国内学者也陆续出版了信息隐藏技术领域的专著，概括了数字水印与隐秘通信技术近年来的主要研究成果。从目前的发展来看，我国在信息隐藏技术方面的研究与世界在该领域的研究处于同一水平，而且有自己独特的见解。

总的来说，对信息隐藏技术的研究从结构上可分为基础理论研究、应用基础研究、应用技术研究 3 个层次，虽然当前的研究热点主要集中在后两个层次上，但信息隐藏技术的基础理论研究的重要性已经引起了很多研究人员的重视与参与。

1. 对隐秘通信系统的理论研究

信息隐藏技术的发展带来了许多迫切需要解决的理论问题，如信息隐藏的理论模型、隐藏容量、安全性、评价体系等。开展信息隐藏基础理论研究就是要利用数学工具，对信息隐藏技术中的共性问题进行理论分析，从而构建完整的信息隐藏理论体系，为信息隐藏系统的设计和研究提供理论基础。信息隐藏技术的各个研究分支的核心问题都是数据嵌入、信息提取、检测算法等问题，因其具体的应用目的不同（如隐秘通信旨在以载体保护隐秘信息的安全,而数字水印等技术旨在以隐秘的信息保护载体安全等),隐秘通信技术又具有其特殊性,从已经发表的相关文献来看,关于隐秘通信技术的理论研究主要集中在隐秘通信系统的安全性模型、信息隐藏容量等方面。

2. 对隐秘通信的安全性研究

对隐秘通信技术的安全性研究一直是该领域理论研究中的重点问题,但到目前为止学术界在安全性定义、安全性评测标准等方面还未形成共识,仍然需要做进一步的研究和探讨。而且,目前已经提出的隐秘通信系统的安全性模型主要是在存在被动攻击的环境下进行讨论的,对主动攻击的安全性问题还没有适当的模型可循,在可查到的有关文献中对主动攻击行为还缺乏明确的描述和精确的数学定义,因此在存在主动攻击的环境下探讨隐秘通信系统的安全性,特别是信息认证性,也是一个迫切需要解决的问题。

实际上,在某个时期内,信息发送者所能够使用的隐秘通信技术和攻击者所能够使用的隐秘分析技术都是有限的,而且他们对这些技术的性能都有足够的了解。不同的隐秘分析技术具有不同的适用范围和检测精度,由于受到计算资源等因素的限制,攻击者只能选择一种或几种方法进行隐秘分析,如果以检测效率为费用函数,那么信息发送者与攻击者的行为就构成了对策论中的二人有限零和对策问题。因此他们作为一个对策的局中人,可以充分运用对策论的观点和方法,使用最优策略以获得最大的收益,这也是我们需要探讨的一个有意义的内容。

3. 对信息隐藏容量的研究

信息隐藏容量是指在给定的隐秘载体中能够隐藏秘密信息的程度,以二进制数的位数为单位。在信息隐藏系统中,如果将隐秘载体视为隐藏信息的隐秘信道,则信息隐藏容量就相当于该隐秘信道的信道容量。有鉴于此,到目前为止多数关于信息隐藏容量方面的研究采用的都是信息论方法,即研究在一定约束条件下的平均互信息量的最大值。在这方面的研究已经得到了一些有意义的结果。

4. 对隐秘通信系统的应用基础研究

应用基础研究是针对文本、声音、图像、视频等多媒体信息,研究隐秘通信过程中数据嵌入、提取算法和隐秘分析算法。隐秘通信的应用技术研究更加贴近实际,相对于理论研究,是目前更为活跃的研究领域。可以借鉴几乎所有的数字水印嵌入和提取算法来使用。

5. 对隐秘通信系统的应用技术研究

应用技术研究以实用化为主要目的,研究各种多媒体格式的隐秘通信算法,并在一些系统平台上进行编程，并加以实现和应用。事实上近几年来已经涌现出了不少从事信息隐藏技术产品开发的高科技公司，相继推出了在数字化图像、音频和视频作品中隐藏信息的软件产品。

到目前为止，隐秘通信系统无论在理论研究还是在技术上都远不成熟，缺乏系统性的理论基础、公平统一的性能测试和评价体系。例如，在系统要素的表述方面尚未统一；许多已提出的隐藏算法的安全性得不到数学上的证明；系统的最终性能还不能确定；许多在当前文献中公开发表的有关以音频和图像为隐秘载体的隐秘通信技术，都曾声称是安全的，但在不断发展的隐秘分析技术攻击下已经被证明是不安全的或信息隐藏容量极大地降低。因此，隐秘通信技术的广泛应用还有待于人们去不断地进行探索和实践。

本章小结

本章详细论述了信息隐藏技术的发展及特点，介绍了信息隐藏技术在数据保密、数字版权保护、盗版追踪和数据免疫等领域的应用情况，还详细地介绍了信息隐藏分类的原则方法，最后介绍了隐秘通信技术的系统模型和研究现状。

本章习题

1. 什么是信息隐藏技术？
2. 信息隐藏技术主要应用在哪些领域？
3. 信息隐藏技术有哪些分类？
4. 隐秘通信系统模型由哪些构成？

第3章

网络攻防技术

CHAPTER 3

▶ 学习目标

（1）漏洞

（2）溢出漏洞利用攻击

（3）漏洞利用保护机制

（4）Web 应用攻击

▶ 内容导学

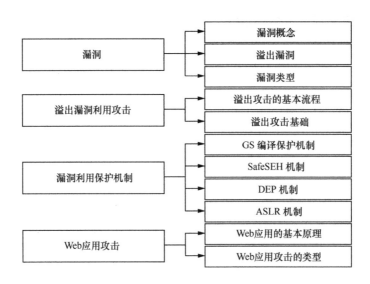

3.1 漏洞

3.1.1 漏洞概念

自 20 世纪末以来,人们广泛使用互联网,计算机网络的发展改变了人们的生活和工作,提高了人们的生活质量和工作水平,计算机应用越来越深入人们的日常生活中,然而计算机软件还远没有达到零错误的要求。近些年来,利用软件漏洞进行的攻击行为层出不穷,据国家互联网应急中心统计,自 2000 年来每年都会有大量的漏洞出现,庞大的漏洞数量给人们的工作和生活带来了十分严重的影响,黑客可以在极短的时间内利用这些零日漏洞、缺陷非法获取用户的信息,破坏用户数据。

2010 年 7 月,Stuxnet 蠕虫病毒(俗称"震网""双子")爆发,它利用了微软操作系统中的至少 4 个漏洞,其中有 3 个全新的零日漏洞,伪造驱动程序的数字签名,通过一套完整的入侵和传播流程,突破了工业专用局域网的物理限制,利用 WinCC 系统的 2 个漏洞,对其开展破坏性攻击,它是第一个直接破坏现实世界中工业基础设施的恶意代码。据赛门铁克公司的统计,截止到 2010 年 9 月,全球已有约 45 000 个网络被 Stuxnet 蠕虫病毒感染,其中 60%的受害主机位于伊朗境内,伊朗布什尔核电站也遭到了 Stuxnet 蠕虫病毒的攻击。

2017 年 5 月 12 日,勒索病毒"WannaCry"在全球爆发,利用 MS17-010 永恒之蓝漏洞进行传播感染。"永恒之蓝"是 2017 年 4 月 14 日晚,黑客团体影子经纪人(Shadow Brokers)公布的一大批网络攻击工具之一,"永恒之蓝"利用 Windows 系统的 SMB 漏洞可以获取系统最高权限。WannaCry 短时间内感染了全球 30 万用户的计算机,英国、乌克兰、俄罗斯、西班牙、法国等多国高校校内网、大型企业内网和政府机构专网中招,受袭击的设备被锁定,并被索要约合 300 美元的比特币赎金。黑客要求受害者尽快支付勒索赎金,否则将删除文件,甚至提出如果半年后还没支付的穷人可以参加免费解锁的活动。原来以为这只是个小范围的恶作剧式的勒索软件,没想到该勒索软件大面积爆发,许多高校学生中招,愈演愈烈,造成的损失难以估量。

美国国家标准与技术研究院(National Institute of Standards and Technology,NIST)将安全漏洞定义为"在系统安全流程、设计、实现或内部控制中所存在的缺陷或弱点,能够被攻击者所利用并导致安全侵害或对系统安全策略的违反"。它包括 3 个基本元素:系统的脆弱性或缺陷、攻击者对缺陷的可访问性以及攻击者对缺陷的可利用性。

软件安全漏洞构成了目前安全漏洞最为主要的部分,也是计算机安全应急响应组所关注的重点。国家信息安全漏洞共享平台对 2015—2020 年公开报告所披露的软件安全漏洞进行了汇总统计（见图 3-1），从每年度归档的安全漏洞数量变化趋势中，我们可以发现软件安全漏洞数量基本上呈现每年快速增长的趋势，自 2016 年起，每年被发现和公开的安全漏洞数量达到了 10 000 以上。需要注意的是，这个数字仅仅是一个组织对被公开的软件安全漏洞数量的不完全统计，此外还有大量的安全漏洞在被发现之后并不会被公开，而是作为一种秘密的信息资源，被一些国家情报部门、软件厂商、安全公司和黑客团队掌握在自己手中。考虑到这些因素，可以想象每年都会有数以万计的安全漏洞被发现，而我们的计算机系统和网络中还存在着更多尚未被挖掘和发现的安全缺陷，这些安全漏洞与缺陷使得我们每日都在使用的计算机系统和网络无异于"千疮百孔的筛子"，一不留神就可能被"流弹"击中要害。

图 3-1　2015—2020 年漏洞增长趋势

　　根据安全业界的统计，大多数成功的网络攻击都是利用和破解已公布但未被修补的软件安全漏洞或不安全的软件配置，而这些安全漏洞不可避免地大量存在于日趋复杂化、更加可扩展和可交互，并在互联网中相互连通的各类软件之中。安全漏洞的类型多种多样，从最基本的缓冲区溢出漏洞，到格式化字符串漏洞、竞争条件漏洞、整数溢出漏洞，以及近年最流行的跨站脚本攻击、SQL 注入等。而针对安全漏洞的渗透利用技术也在与安全防护机制的博弈中日新月异，从栈溢出到堆溢出、内核溢出、对抗 DEP 机制的 ret2libc 机制，对抗 ASLR 机制的 Heap Spraying 攻击，在软件代码与内存空间中上演着精彩的对弈。

3.1.2　溢出漏洞

　　溢出漏洞，也称为缓冲区溢出漏洞，是最基础的软件安全漏洞类型之一。缓冲区是一块连续的内存区域，用于存放程序运行时加载到内存的运行代码和数据。缓冲区溢出是指程序运行时，向固定大小的缓冲区写入超过其容量的数据，从而造成溢出。缓冲区溢出漏洞的根源在于程序没有对输入数据进行严格的边界检查，如果缓冲区被写满，而程序没有检查缓冲区边界，也没有停止接收数据，就会发生缓冲区溢出。栈溢出如图 3-2 所示。

栈（Stack）又名堆栈，是一种最基本的后进先出（Last In First Out，LIFO）抽象数据结构。它是一种运算受限，限定仅在表尾进行插入和删除操作的线性表。一端被称为栈顶，相对地，把另一端称为栈底。向一个栈插入新元素又被称作进栈、入栈或压栈，该操作是把新元素放到栈顶元素的上面，使之成为新的栈顶元素。从一个栈中删除元素又被称作出栈或退栈，该操作是把栈顶元素删掉，使其相邻的元素成为新的栈顶元素。栈主要被用于实现程序中

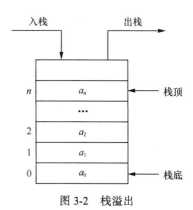

图 3-2　栈溢出

的函数或过程调用，在栈中会保存函数的调用参数、返回地址、函数调用者的栈基址、函数本地局部变量等数据，其中最为关键的就是返回地址，即函数调用结束之后执行的下一条指令地址，因为它将会被装载至扩展指令指针寄存器（Extend Instruction Pointer，EIP）中，并跳转至该地址执行后续的指令代码。由于返回地址在可读写的栈中保存，同时与其他攻击者可以操纵的本地局部变量缓冲区相邻，就为攻击者利用缓冲区未进行严格边界检查这一安全漏洞实施栈溢出攻击提供了条件。在 IA32 架构寄存器中，两个与栈密切相关的寄存器为扩展基址指针（Extend Base Pointer，EBP）寄存器和扩展栈指针（Extend Stack Pointer，ESP）寄存器，分别保存当前运行函数的栈底地址和栈顶地址，而两个密切相关的指令分别是将数据压入栈，及将栈顶数据弹出至特定寄存器。当被调用的子函数中写入数据的长度，大于栈帧的基址到 ESP 之间预留的保存局部变量的空间时，就会发生栈的溢出。

堆是由进程动态分配的内存区，进程通过调用 malloc 类函数来分配堆内存，通过调用 free 类函数来释放。如果进程没有主动调用对应的 free 类函数来释放所申请的堆内存空间，这些堆内存空间会一直保留至进程终结，才会由操作系统执行释放操作。由于堆与栈结构的不同，堆溢出不同于栈溢出，相比于栈溢出，堆溢出的实现难度更大，而且往往要求进程内存中具备特定的组织结构，然而堆溢出攻击也已经成为缓冲区溢出攻击的主要方式之一，利用堆溢出可以有效绕过基于栈溢出的缓冲区设置的溢出防范措施。

3.1.3　漏洞类型

常见的漏洞类型有如下几种：操作系统漏洞、数据库漏洞、网络设备漏洞、Web 漏洞及弱口令等。

（1）操作系统漏洞。该漏洞是指操作系统或操作系统自带的应用软件在逻辑设计上出现的缺陷或程序员编写它们时产生的错误，这些缺陷或错误容易被不法者利用，不法者通过网络对计算机植入木马病毒等方式攻击或控制整个计算机，窃取计算机中的重要资料和信息，甚至破坏计算机系统。Windows 操作系统是迄今为止使用最广泛的个人计算机操作系统，从最早的 DOS 系统发展到 Windows7、Windows8、Windows10 系统，其系统的安全性逐渐提

高，但是却避免不了漏洞的存在。因此，用户需要认识这些漏洞，并掌握修复漏洞的常用方法。由于 Windows 操作系统在桌面操作系统中的垄断地位，大量的攻击者开始研究该系统的漏洞。Windows 操作系统与 Linux 等开放源码的操作系统不一样，普通用户无法获取 Windows 操作系统的源代码，因此安全问题均由 Microsoft 自身解决。除了 Windows 操作系统外，其他常见的操作系统如 Linux、UNIX、Mac OS 等也或多或少存在某些安全漏洞。

例如，Linux 操作系统的内核曾出现过一个安全漏洞，该漏洞能使那些只被许可登录某机器局部的低权限用户获得"根目录"访问权，并对该机器进行了完全的控制。这些局部缺陷造成的不良后果没有远程缺陷那么严重，远程缺陷能让网络攻击者直接接管某机器。

（2）数据库漏洞。大数据时代的来临，各个行业数据量迅猛增长，数据库逐渐从后台走向前台，从内网走向外网，从实体走向虚拟。数据库被广泛应用在各种新的场景中，但它的发展也给了黑客更多的入侵机会。常见的数据库漏洞主要有数据库账号特权提升、数据库敏感数据未加密和数据库的错误配置。

① 数据库账号特权提升：来自内部人员的攻击可能导致恶意用户拥有超过其应该拥有的系统权限，而外部的攻击者也可以通过破坏操作系统而获得更高级别的特权。账号特权提升通常与错误的配置有关，一个用户被错误地授予了超过其完成工作实际需要的、对数据库及其相关应用程序的访问特权。另外，即使没有可以访问数据库的相关凭证，一个内部攻击者，或者一个已经控制了受害者机器的外部攻击者，有时也可以轻松地从一个应用程序跳转到数据库。

② 数据库敏感数据未加密：如果备份磁带在运输或存储过程中丢失，而这些磁带上的数据库数据没有加密，且落入黑客之手，则黑客根本不需要接触网络就可以实施破坏。这类攻击更可能发生在将介质销售给攻击者的内部人员身上，黑客只要安装好磁带就能获得数据库。即使人们备份了许多数据，但如果疏于跟踪和记录，磁带也很容易遭受攻击，因此，及时对保存敏感数据的磁带进行加密需要引起人们足够的重视。

③ 数据库的错误配置：在实际环境中，很多数据库出现问题是由老旧未补的漏洞或默认账户配置参数引起的，也可能是因为管理员疏忽或者业务关键系统实在承受不住停机检查数据库的损失。

（3）网络设备漏洞。网络设备的安全对网络空间安全而言至关重要。路由器、防火墙、交换机等网络设备是连接整个互联网世界的纽带，占据着非常重要的地位，是计算机网络的一个节点。目前，各个国家和地区对 PC 端和移动端的安全都非常重视，但是由于网络设备隐藏后端的特点，导致人们对其安全性认识不足，从而出现各种来自攻击者的漏洞利用和攻击行为，攻击者一旦控制网络设备，其连接的各种终端设备都将暴露在攻击者的面前，导致重要数据和资料泄露，造成严重的网络安全事件。

最近几年网络设备漏洞数量迅速增加的原因有 3 个：一是网络规模越来越大，网络设备数量和种类也越来越多，相应的网络设备漏洞数量也越来越多；二是网络设备普及程度越来越高，可接触到设备的人越来越多，对网络设备进行安全研究的人也越来越多；三是越来越多的厂商开始重视设备安全，开始主动或被动地披露网络设备漏洞。

网络设备的漏洞多为网络协议的漏洞，而网络协议的漏洞多为内存破坏的漏洞，内存破坏的漏洞大都归类于拒绝服务。例如，思科 IOS 是一个体积很大的二进制程序，直接运行在主 CPU 上，如果发生异常、内存破坏或是 CPU 被持续占用，都会导致设备重启。不过，正因为网络设备的漏洞主要出现在协议上，当出现漏洞的位置是协议的"边角"部位或是一些较新的协议时，人们发现漏洞的难度较大。

（4）Web 漏洞。Web 漏洞即 Web 客户端漏洞，不仅指那些由于服务器端的设计或者逻辑错误而产生的漏洞，也包括由客户端的某些特性（如浏览器的同源策略、Cookie 机制）所产生的漏洞。常见的 Web 漏洞有 5 种：SQL 注入漏洞、跨站脚本攻击（XSS）、目录遍历漏洞、跨站请求伪造攻击（CSRF）和界面操作劫持。其中，跨站脚本攻击有着举足轻重的地位，不仅漏洞数量远远超过其他几种，危害性也比其他漏洞严重。

① SQL 注入漏洞。SQL 注入攻击是 Web 开发中常见的一种安全漏洞。由于程序员的编码能力不一样，很多程序员开发的程序存在漏洞，这就给攻击者提供了便利的条件。系统对用户输入的参数不进行检查和过滤，不对用户输入的数据的合法性进行判断，或者对程序本身的变量处理不当，都可能使数据库受到攻击，导致数据被窃取、更改、删除，以及进一步导致网站被嵌入恶意代码、被植入后门程序等危害。

② 跨站脚本攻击（XSS）。XSS 是 Web 客户端漏洞中最为广泛的漏洞。只要有用户输入的地方，都可能存在 XSS，执行脚本可以是 JavaScript、VBScript、ActionScript，之所以可以引发攻击，是由于浏览器将用户的输入当成代码执行了。"跨站"这个词其实并不贴切，因为浏览器的同源策略，一个 XSS 脚本是无法跨站读取、篡改其他域上的资源的，但这也只能减轻它的危害。XSS 分为 3 类：反射型 XSS、存储型 XSS 和 DOM 型 XSS。

③ 目录遍历（路径遍历）漏洞。目录遍历漏洞是指 Web 服务器或者 Web 应用程序对用户输入的文件名称的安全性验证不足而导致的一种安全漏洞，它使得攻击者只要利用一些特殊字符就可以绕过服务器的安全限制，完成目录跳转，访问任意文件（可以是 Web 根目录以外的文件），包括读取操作系统各个目录下的敏感文件，甚至执行系统命令，因此目录遍历漏洞也被称作"任意文件读取漏洞"。

④ 跨站请求伪造攻击（CSRF）。其攻击效果就是伪造用户请求。CSRF 的大体思路是攻击者在 B 站点上伪造了一个指向 A 站点的 URL 链接，欺骗目标用户点击链接，这个链接向 A 站点发送一个 GET 请求，从而利用用户身份达到伪造请求的目的。

⑤ 界面操作劫持。指一种视觉性欺骗用户的手段，界面操作劫持的基本操作是，在网页上覆盖一个透明的 iframe 框，然后诱使用户在该页面上进行操作，此时用户将在不知情的情况下单击透明的 iframe 页面。从操作手段来讲，可以分为 3 类，点击劫持、拖放劫持

和触屏劫持。界面操作劫持的目的虽然和 CSRF 一样，都是骗取用户的合法操作，但界面操作劫持需要运用 iframe 标签，并且需要利用浏览器本身的部分跨域特性，这使得防御策略（添加 token 值）能够有效地应对该漏洞。

（5）弱口令（Weak Password）。该漏洞没有严格和准确的定义。由常用的数字、字母等组合而成，容易被别人通过简单及平常的思维方式猜测到的或容易被破解工具破解的口令均为弱口令。常见的弱口令有 4 种：空口令或系统默认的口令；口令长度小于 8 个字符（如 admin、123456）；口令为连续的某个字符（如 aaa）或重复某些字符的组合（如 abcabe）；口令中包含用户本人、父母、子女和配偶的姓名、出生日期、纪念日日期、登录名、E-mail 地址、手机号码等与本人有关的信息。

产生弱口令的原因与个人习惯、意识相关，为了避免忘记密码，用户可能会使用一个非常容易记住的密码，或是直接采用系统的默认密码等。再者，也是因为用户自身的信息安全防护意识不够，未能意识到口令安全的重要性。

3.2　溢出漏洞利用攻击

3.2.1　溢出攻击的基本流程

缓冲区溢出漏洞，根据缓冲区在进程内存空间中的不同位置，又分为栈溢出、堆溢出和内核溢出这 3 种。在具体技术形态上，栈溢出是指存储在栈上的一些缓冲区变量，由于存在缺乏边界保护的问题，能够被溢出并修改栈上的敏感信息，从而导致程序流程的改变。堆溢出则是指存储在堆上的缓冲区变量因为缺乏边界保护遭受溢出攻击的安全问题。内核溢出漏洞存在于一些内核模块或程序中，是进程内存空间内核态中存储的缓冲区变量被溢出造成的。其中内核溢出在各类缓冲区溢出漏洞中是最容易理解的，也是最早被发现和利用的技术形态。接下来我们就以栈溢出安全漏洞为例，来讲解缓冲区溢出攻击的基本原理。

在图 3-3 所示的示例代码中的 return_input()函数中定义了一个局部变量 array，为 20 字节长度的字符串缓冲区，根据我们对进程内存空间布局和各类型变量存储位置的了解，函数局部变量将被存储在栈上，并位于 main()函数调用时压栈的下一条指令（"return 0;"）返回地址之下，而在 return_input()函数中执行 gets 函数将用户终端输入至 array 缓冲区时，没有进行缓冲区边界检查和保护，因此如果用户输入超出 20 字节的字符串，输入数据将会溢出 array 缓冲区，从而覆盖 array 缓冲区上方的 EBP 和 RET。一旦覆盖了 RET 返回地址，在 return_input()函数执行完毕返回 main()函数时，EIP 寄存器将会装载栈中 RET 位置保存的值，此时该位置已经被溢出改写为 "AAAA"（0x41414141），如图 3-4 所示，而该地址可能是进程无法读取的空间，所以造成程序的段错误（Segmentation fault）。使用 GDB 来对这个示例程序进行调试，可以看到在程序执行造成段错误时，通过 info registers 查看 EBP 和 EIP 寄存器的值均为 0x41414141，这说明我们输入的超出长度限制的 A 溢出了缓冲区，并修改了栈中原先保存的 EBP 和 RET 值。

```
#include<stdio.h>
void return_input(void){
    char array[20];
    gets(array);
    printf("%s\n", array);
}
int main(void){
    return_input();
    return 0;
}
```

图 3-3　示例代码

分析完这个示例，读者应该对缓冲区溢出安全漏洞的基本原理有了一个初步的认识，缓冲区溢出安全漏洞的根本问题是，用户输入可控的缓冲区操作缺乏对目标缓冲区的边界安全保护，这其中包含两个要素，首先是程序中缺乏边界安全保护的缓冲区操作（通常称为漏洞利用点），在示例代码中，gets()函数对 array 缓冲区的操作就是不安全的、存在溢出可能的漏洞利用点；其次是这个缓冲区操作必须是用户输入可以控制的，也就是说用户的输入可以直接或者间接地影响到这个不安全的缓冲区操作函数，我们知道 gets()函数的输入就是用户在命令行中的输入内容，因此攻击者可以向漏洞利用点注入他们恶意构造的数据，这样才能溢出缓冲区，并执行他们所预期的恶意指令。如果用户输入无法到达漏洞利用点，那么这类缓冲区溢出只能被称为安全缺陷，而不能被称作安全漏洞，因为虽然它存在于程序中，但并不能被外部所利用。

在上述的示例代码中，我们输入的数据溢出了缓冲区，修改了 EBP 和 RET 的值，造成了程序进程的崩溃，如果是一些重要的程序进程，如网络服务进程，那么它的崩溃就意味着受到了拒绝服务攻击。当然真正的黑客不会满足于只是造成程序的崩溃，他们还期望能更进一步地控制程序的执行流程，从而通过溢出获得目标程序或系统的访问控制权。为了达到这一目标，就需要精心地构造缓冲区溢出攻击，解决如下 3 个问题：一是如何找出缓冲区溢出要覆盖和修改的敏感位置，如栈溢出中的 RET 返回地址在栈中的存储位置；二是将敏感位置的值修改成什么，为了完成程序执行流程控制权的转移，攻击者需要对影响程

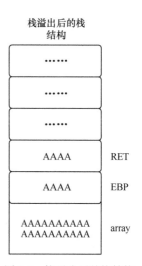

图 3-4　栈溢出后的栈结构

序执行流程的敏感位置中的值进行修改，使其能够跳转至攻击者预期的代码并执行代码，通常情况下会直接填写攻击者注入恶意指令的起始位置，但如何定位注入指令在目标程序中的位置，以及在限制条件下如何完成程序控制权的移交，是渗透攻击最主要的挑战；三是执行什么代码指令来达到攻击目的，在程序控制权移交至攻击者后，攻击者会注入的指令，这段代码被称为攻击载荷（Payload），通常会为攻击者给出一个远程的 Shell 访问，因此也被称为 Shellcode。

事实上，这 3 个问题也是攻击者对大多数软件安全漏洞进行渗透攻击获取控制权的关键问题。在这里，仍以一个简单的栈溢出攻击代码为例来说明，如图 3-5 所示。

```c
#include<stdio.h>
#include<string.h>
char shellcode[] = "\x31\xd2\x52\x68\x6e\x2f\x73\x68\x68\x2f\x2f\x62"
                   "\x69\x89\xe3\x52\x53\x89\xe1\x8d\x42\x0b\xcd\x80";
char large_string[128];
int main(int argc，char **argv){
    char buffer[96];
    int i;
    long *long_ptr = (long *) large_string;
    for(i=0；i<32；i++)
        *(long_ptr+i) = (int) buffer；
    for(i=0；i< (int) strlen(shellcode) ；i++)
        large_string[i] = shellcode[i];
    strcpy(buffer，large_string);
    return 0;
}
```

图 3-5　示例代码

图 3-5 中的示例代码集漏洞程序和渗透代码于一身，只作为演示程序。其中 96 字节长度的局部变量 buffer 在漏洞利用点 strcpy()函数缺乏边界安全保护，攻击者精心构造 large_string 这一个 128 字节长度的数据，使其在低地址包含一段 Shellcode 代码，而其他均填充为指向 buffer 起始位置的地址（即被覆盖后 large_string 中的 Shellcode 起始地址），在漏洞利用点执行 strcpy 操作之后，buffer 缓冲区会被溢出，main 函数的返回地址 RET 将会被覆盖并被改写为 Shellcode 的起始地址，因此在 return 时，EIP 寄存器装载改写后的 RET 值，并将程序执行流程跳转至 Shellcode 执行。而这段 Shellcode 只有 24 字节，但完成了最基本的 Shell 功能，即启动命令行 Shell 程序执行代码。

被溢出后的栈结构如图 3-6 所示，在图 3-5 中的示例代码中，溢出攻击的第一个关键
问题是定位要修改的敏感位置，即栈中的返回地址，根
据对栈结构与进程内存空间布局的了解，我们可以定位
返回地址位于要溢出的 buffer 变量的高地址位置，其具
体的偏移量与平台相关，但不会超出示例代码中设置的
32 字节，因而 large_string 将除 Shellcode 外的所有字
节均填充为跳转地址，肯定会覆盖到栈中的 RET。第
二个关键问题是将敏感位置的值修改为什么，示例代码
中将其改写为直接指向 Shellcode 的地址。第三个关键
问题是执行什么代码，示例代码中包含了一段最简单的
24 字节长度的 Shellcode，用于开启一个命令行 Shell。
因此这段简单的示例代码解决了溢出攻击的 3 个关键问
题，成功地溢出了 buffer 缓冲区，在运行结果中可以看
到，程序执行最终开启了一个命令行 Shell，并在用户

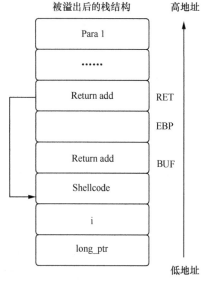

图 3-6　被溢出后的栈结构

退出这个 Shell 时正常退出程序，没有造成任何程序异常崩溃的情况。

3.2.2　溢出攻击基础

为了理解缓冲区溢出攻击的原理和具体机制，以及其他软件安全漏洞问题及其利用方
法，我们需掌握计算机程序的底层运行机制，熟悉计算机汇编语言、操作系统等基础知识
以及相关的实践技能。

关于编译器与调试器的使用。相信大家都非常清楚使用 C/C++ 等高级编程语言编写的源
码，需要通过编译器（Compiler）和链接器（Linker）才能生成可直接在操作系统平台上
运行的可执行程序代码。而调试器（Debugger）则是程序开发人员在程序运行时调试与分
析程序行为的基本工具。

对于最常使用的 C/C++ 编程语言，最著名的编译与链接器是 GCC。它最基本的用法是
执行 "gcc-o test test.c" 完成编译和链接过程。对于处理多个源码文件、包含头文件、引
用库文件等多种情况，程序开发人员通常会通过编写或自动生成 Makefile，来控制 GCC 的
编译和链接过程。

对于 Windows 平台，微软的 Visual Studio、VS.Net 是比较常用的集成开发环境。但
对于以调试 C/C++ 语言为主的软件安全漏洞及渗透利用代码，使用 VC++ 即可，VC++ 集成
开发环境中集成了微软自身的 C/C++ 编译器与链接器，以及自带的调试与反汇编功能。
Windows 平台对二进制可执行文件的调试器，常用的有微软自己推出的 WinDbg、开源的
OllyDbg、商业的 SoftICE 和 IDA Pro。

汇编语言：汇编语言，尤其是 IA32（Intel Architecture 32 bit）架构下的汇编语言，是理解软件安全漏洞机理，掌握软件渗透攻击代码技术的底层基础。这是因为，对于软件安全漏洞分析而言，一般情况下我们无法得到被分析软件的源代码，因此只能在反汇编技术的支持下，通过阅读和理解汇编代码，来对软件安全漏洞的机理进行分析；其次，在攻击者编写的渗透攻击代码中，也会包含以机器码指令形式存在的 Shellcode，理解与编写 Shellcode 也需要掌握汇编语言的知识和技能；最后，在调试渗透攻击代码对软件安全漏洞的利用过程时，我们在调试器中一般也只能在汇编代码层次上分析攻击过程。

进程内存管理技术：最主要的软件安全漏洞类型是内存安全违规类，而对内存安全违规类漏洞的利用是对内存中敏感数据的"改写"或者"溢出"，因而了解进程内存管理机制是深入理解软件安全漏洞及攻击机理所必须掌握的内容之一。

Windows 操作系统的进程内存空间布局则与 Linux 系统有着一些差异，对于 32 位操作系统而言，2~4GB 为内核态地址空间，用于映射 Windows 内核代码和一些核心态 DLL，并用于存储一些内核态对象，0~2GB 为用户态地址空间，高地址段映射了大量应用进程所共同使用的系统 DLL，如 Kernel32.dll、User32.dll 等，在 1GB 地址位置用于装载一些应用进程本身所引用的 DLL 文件，可执行代码区间从 0x00400000 开始，静态内存空间用于保存全局变量与静态变量，"堆"同样是从低地址向高地址增长，用于存储动态数据，"栈"是从高地址向低地址增长，在单线程进程中一般的"栈"底在 0x0012XXXX 的位置（Windows XP 系统），而在多线程的进程内存空间中，则拥有多个"堆"和多个"栈"，分布式存储各个线程的执行数据。

函数调用过程：理解栈结构与函数调用过程中的底层细节是理解栈溢出攻击的重要基础，因为栈溢出攻击就是针对函数调用过程中返回地址在栈中的存储位置，进行缓冲区溢出，从而改写返回地址，达到让处理器的指令寄存器跳转至攻击者指定位置执行恶意代码的目的。程序进行函数调用的过程有以下 3 个步骤。

调用（call）：调用者将函数调用参数、函数调用下条指令的返回地址压栈，并跳转至被调用函数入口地址。

序言（prologue）：开始执行被调用函数时，首先会进入序言阶段，将对调用函数的栈基址进行压栈保存，并创建自身函数的栈结构，具体包括将 EBP 寄存器赋值为当前栈基址，为本地函数局部变量分配栈地址空间，更新 ESP 寄存器为当前栈顶指针等。

返回（return）：在被调用函数执行完功能，将指令控制权返回给调用者之前，会进行返回阶段的操作，通常执行 leave 和 ret 指令，即恢复调用者的栈项与栈底指针，并将之前压栈的返回地址装载至指令寄存器 EIP 中，继续执行调用者在进行函数调用之后的下一条指令。

3.3　漏洞利用保护机制

C/C++等高级编程语言在边界检查方面存在的不足，致使缓冲区溢出漏洞等多种软件漏洞已成为信息系统安全所面临的主要威胁之一，尤其对使用广泛的 Windows 操作系统及其应用程序造成了极大的危害。为了能在操作系统层面向用户提供防范软件漏洞的措施，Windows 操作系统自 Vista 版本到现在普遍采用的 Windows 8 或 Windows 10 等版本，陆续提供了多种针对软件安全漏洞的防范措施和手段，对于提高 Windows 操作系统抵御漏洞攻击的能力起到了关键作用。下面介绍 Windows 操作系统中提供的主要针对软件漏洞利用的几种防范技术。

3.3.1　GS 编译保护机制

针对缓冲区溢出时覆盖函数返回地址这一特征，微软在编译程序时使用了一个安全编译选项——GS。GS 编译选项为每个函数调用增加了一些额外的数据和操作，用于检测栈中的溢出。

1. 在函数调用发生时，向栈帧内压入一个额外随机的 DWORD，这个随机数被称作"canary"，但如果使用 IDA 反汇编的话，你会看到 IDA 将这个随机数标注为"Security Cookie"。

2. Security Cookie 位于 EBP 之前，系统还将在.data 内存区域中存放一个"Security Cookie"的副本，进行校验，如图 3-7 所示。

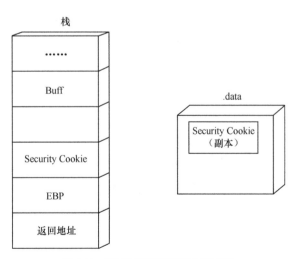

图 3-7　GS 保护机制下的内存布局

3. 当栈中发生溢出时，"Security Cookie"将首先被淹没，之后才是 EBP 和返回地址。

4. 在函数返回之前，系统将执行一个额外的安全验证操作，被称为"Security Check"。在执行"Security Check"的过程中，系统将比较帧中原先存放的"Security Cookie"和.data中副本的值，如果两者不吻合，说明栈帧中的"Security Cookie"已被破坏，即发生了栈溢出。

5. 当检测到发生栈溢出时，系统将进入异常处理流程，函数不会被正常返回，ret 指令也不会被执行，如图 3-8 所示。

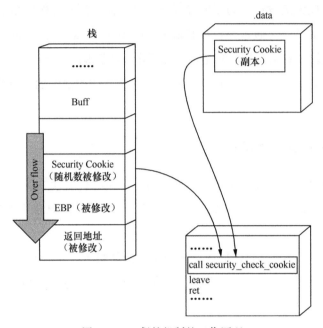

图 3-8　GS 保护机制的工作原理

但是为每个函数调用增加额外的数据和操作带来的直接后果就是系统性能的下降，为了将对系统性能的影响降到最低，编译器在编译程序的时候并不是对所有的函数都使用 GS，以下情况不会使用 GS。

（1）函数不包含缓冲区。

（2）函数被定义为具有变量参数列表。

（3）函数使用无保护的关键字标记。

（4）函数在第一个语句中包含内嵌的汇编代码。

（5）缓冲区不是 8 字节类型且小于或等于 4 字节。

除了在返回地址前添加"Security Cookie"，在 Visual Studio 2005 及后续版本中还使用了变量重排技术，在编译程序时根据局部变量的类型对变量在栈帧中的位置进行调整，将字符串变量移动到栈帧的高地址。这样可以防止该字符串溢出时破坏其他的局部变量。同时还会将指针参数和字符串参数复制到内存中的低地址上，防止函数参数被破坏，如图 3-9 所示。

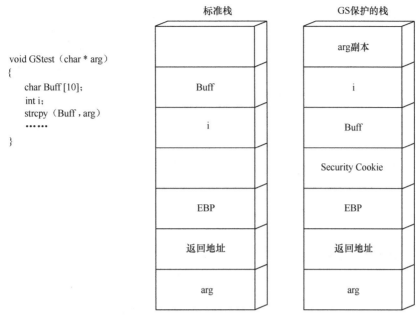

图 3-9　标准栈与 GS 保护栈的对比

3.3.2　SafeSEH 机制

SafeSEH 就是一项保护 SEH（Structured Exception Handler，结构化异常处理）函数不被攻击者非法利用的技术。Microsoft 在.NET 编译器中加入了"/SafeSEH"选项，采用该选项编译的程序将 PE 文件中所有合法的 SEH 函数的地址解析出来制成一张 SEH 函数表，放在 PE 文件的数据块中，用于在异常处理时进行匹配检查。在该 PE 文件被加载时，系统定位并读出该 SEH 函数表的地址，使用内存中的一个随机数加密，将加密后的 SEH 函数表地址模块的基址、模块的大小、合法 SHE 函数的个数等信息，放入 ntdll.dll 的 SEHIndex 结构中，在 PE 文件运行时，如果需要调用 SEH 函数，系统会使用加解密函数解密从而获得 SEH 函数表地址，然后检测程序中的每个 SEH 函数是否在合法的 SEH 函数表中，如果不在合法的 SEH 函数表上则说明该函数非法，将终止异常处理。接着要检测异常处理句柄是否在栈上，如果在栈上，也将停止异常处理。这两个检测可以防止在堆上伪造异常链和把 Shellcode 放置在栈上的情况，最后还要检查 SEH 函数句柄的有效性。

3.3.3　DEP 机制

DEP（Data Execution Prevention，数据执行保护）技术可以限制内存堆栈区的代码为不可执行状态，从而防范缓冲区溢出后恶意代码的执行。在 Windows 操作系统中，默认情况下会将包含执行代码和 DLL 文件的 txt 段即代码段的内存区域设置为可执行代码的内存区域。其他的内存区域不包含可执行代码，应该不具有代码执行权限，但是 Windows XP

及其之前的操作系统，没有对这些内存区域的代码执行进行限制，因此，对于缓冲区溢出攻击，攻击者能够对内存的栈或堆的缓冲区进行覆盖操作，并执行写入的 Shellcode 代码，启用 DEP 机制后，DEP 机制将这些敏感区域设置为不可执行（Non-Executable，NX）标志位，因此在缓冲区溢出后即使跳转到恶意代码的地址，恶意代码也将无法被执行，从而有效地阻止了缓冲区溢出攻击的执行。

DEP 分为软件 DEP 和硬件 DEP。硬件 DEP 需要 CPU 的支持，需要 CPU 在页表增加一个保护位 NX（Non-Executable），来控制页面是否可执行。现在 CPU 一般都支持硬件 NX，所以现在的 DEP 机制一般都采用硬件 DEP，对于 DEP 设置 NX 标志位的内存区域，CPU 会添加 NX 保护位来控制内存区域的代码执行[16]。

3.3.4 ASLR 机制

ASLR（Address Space Layout Randomization，地址空间分布随机化）是一项将系统关键地址分布随机化，从而使攻击者无法获得需要跳转的精确地址的技术。Shellcode 需要调用一些系统函数才能实现系统功能，达到攻击目的，因为这些函数的地址往往是系统 DLL 可执行文件本身（如 kernel32. dll）、栈数据或 PEB（Process Environment Block，进程环境块）中的固定调用地址，所以为 Shellcode 的调用提供了便利。

使用 ASLR 机制的目的就是打乱系统中存在的固定地址，使攻击者很难从进程的内存空间中找到稳定的跳转地址。ASLR 的关键系统地址包括：PE 文件（EXE 文件和 DLL 文件）映像基址、堆栈基址、堆地址、PEB 和 TEB（Thread Environment Block，线程环境块）地址等。当程序启动将执行文件加载到内存时，操作系统通过内核模块提供的 ASLR 功能，在原来映像基址的基础上加上一个随机数作为新的映像基址。随机数的取值范围限定为 1~254，并保证每个数值随机出现[16]。

3.4 Web 应用攻击

3.4.1 Web 应用的基本原理

Web 应用程序是基于浏览器/服务器的应用程序。浏览器用于显示数据，和用户产生交互，其作用就相当于计算机的显示屏，服务器用于处理浏览器的请求，并把结果数据组织成浏览器可以识别的格式返回，所以它的作用就相当于计算机的主机，但显然，一个很大的区别是，主机和显示屏是一对一的，而服务器和浏览器却可以是一对多的，在广域网中，一个服务器可以为数以百万计的浏览器提供服务。

一般来说，Web 应用程序有以下特点。① 使用 HTTP 通信：一台服务器为众多的浏览器提供服务，关系很复杂，所以需要一个约定好的规则去协调这种关系，Web 应用程序一般使用 HTTP 去实现服务器和浏览器之间的通信，这样因特网上的用户就可以使用浏览器去访问 Web 服务了。服务器在接收到浏览器的请求后，调用服务器端应用程序、数据库系统等处理请求，然后把结果数据输出为 HTML 形式，返回到客户端去显示。② 浏览器安装方便：现在的 Windows 系统附带有浏览器，并且还有很多其他免费的浏览器软件，如百度浏览器、360 浏览器和谷歌浏览器，只要用户安装其中任意一款浏览器，在网址栏中输入域名就行了。

一次简单的 Web 应用运行流程如下。

1. 用户在浏览器中输入要访问的 Web 站点地址或在已打开的站点中点击超链接。

2. 由 DNS 来进行域名解析，找到服务器的 IP 地址，向该地址指向的 Web 服务器发出请求。

3. Web 服务器根据请求将 URL 地址转换为页面所在的服务器上的文件全名，查找相应的文件。

4. 若 URL 指向静态文件，则服务器将文件通过 HTTP 传输给用户浏览器。若 HTML 文档中嵌入了 ASP、PHP、JSP 等程序，则由服务器直接运行后返回给用户。如果 Web 服务器所运行的程序包含对数据库的访问，服务器会将查询指令发送给数据库服务器，对数据库执行查询操作，查询结果由数据库返回给 Web 服务器，再由 Web 服务器将结果载入页面，并以 HTML 形式发送给浏览器。

5. 浏览器解释 HTML 文档，在客户端屏幕上展示结果。

3.4.2　Web 应用攻击的类型

常见的 Web 应用攻击有跨站脚本攻击、跨站请求伪造、点击劫持、URL 跳转漏洞攻击、SQL 注入攻击及 OS 命令注入攻击，详细内容如下。

1. 跨站脚本（Cross Site Scripting，XSS）攻击：指攻击者通过在存在安全漏洞的 Web 网站注册用户的浏览器内运行非法的 HTML 标签或 JavaScript 进行的一种攻击，即恶意攻击者在 Web 页面里插入恶意可执行的网页脚本代码，当用户浏览该页面时，嵌入其中的脚本代码会被执行，从而攻击者可以达到盗取用户信息或其他侵犯用户安全隐私的目的。XSS 分为两种类型。

（1）非持久型 XSS 漏洞：攻击者发送带有恶意脚本代码参数的 URL 给被攻击者，当 URL 被点开后，恶意代码参数就会被 HTML 解析、执行。前端渲染的时候，对传进来的任何字段都需要通过 escape() 做转义编码。这也叫反射型 XSS。

（2）持久型 XSS 漏洞：攻击者在 form 表单中填写恶意代码，通过 XSS 漏洞提交至服务器，当前端页面获得后端从数据库中读出的注入代码时，恰好将其渲染执行。这也叫存储型 XSS。

2. 跨站请求伪造（CSRF）：攻击者利用用户已登录的身份，在用户毫不知情的情况下，以用户的名义完成非法操作，例如当用户登入转账界面，突然弹出第三方链接窗口，用户点击该链接后，攻击者会利用用户登录状态下的 Cookie 等信息进行非法操作（攻击者利用这些信息伪造请求报文）。

3. 点击劫持：是一种视觉欺骗的攻击手段。攻击者将需要攻击的网站通过 iframe 页面嵌套的方式嵌入自己的网页中，并将 iframe 设置为透明，在页面中透出一个按钮诱导用户点击，例如在用户登录 A 网站后，攻击者引诱用户点击第三方网站链接，第三方网站中使用 iframe 嵌套 A 网站的部分信息，并将其隐藏，然后透出一个按钮并引诱用户点击该按钮，这时用户点击的按钮实际上是 A 网站上的某个按钮，攻击者从而诱骗到点击量。

4. URL 跳转漏洞攻击：指借助服务器未验证的非法 URL 跳转，将应用程序引导到不安全的第三方区域，从而导致的安全问题，即黑客构建恶意链接（链接需要进行伪装，尽可能迷惑用户），发在 QQ 群或者是浏览量多的贴吧/论坛中，诱导用户点击。

5. SQL 注入攻击：攻击者在用户提交页面（如用户登录界面）输入特定的字符串，提交数据后将这些字符串与服务器的 SQL 语句组合成特定 SQL 语句，Web 应用通过执行这些特定的 SQL 语句而执行攻击者所要的操作，进而达到攻击者非法获取用户信息等目的。

6. OS 命令注入攻击：原理与 SQL 注入攻击类似，只不过 SQL 注入攻击是针对数据库的，而 OS 命令注入攻击是针对操作系统的，即 OS 命令注入攻击指通过 Web 应用执行非法的操作系统命令达到攻击的目的。只要在能调用 Shell 函数的地方就存在被攻击的风险。倘若调用 Shell 时存在疏漏，就可以执行插入的非法命令，向 Shell 发送命令，让 Windows 或 Linux 操作系统的命令行启动程序。也就是说，通过 OS 命令注入攻击可执行操作系统上安装着的各种应用程序。

3.4.2.1　XSS 攻击及防御

XSS 攻击是指攻击者利用 Web 应用对用户输入过滤不足的缺陷，将恶意代码（包括 HTML 代码和客户端脚本）注入其他用户浏览器显示的页面上执行，从而窃取用户敏感信息、伪造用户身份进行恶意行为的一种攻击方式。近年来，XSS 攻击发展非常迅速，根据 OWASP 发布的 Web 攻击排行榜，XSS 是十分常用的恶意攻击方式之一。

任何网站，只要是允许用户提交数据的地方，就有可能成为跨站脚本攻击的目标。因此，主流搜索引擎网站、免费电子邮箱及博客等均是黑客理想的进行跨站脚本攻击目标，每年都会发生大量的跨站脚本攻击事件。

一般认为，XSS 攻击主要有以下目的。

（1）盗取各类用户账号，如计算机登录账号、用户网银账号及各类管理员账号。

（2）控制企业数据，包括读取、篡改、添加和删除企业敏感数据的能力。

（3）盗窃企业重要的具有商业价值的资料。

（4）非法转账。

（5）强制发送电子邮件。

（6）网站木马。

（7）控制受害者计算机向其他网站发起攻击。

进行 XSS 攻击需要两个前提。第一，Web 应用必须接受用户的输入，这显然是必要条件，输入不仅包括 URL 中的参数和表单字段，还包括 HTTP 头部和 Cookie 值；第二，Web 应用必须重新显示用户输入的内容，只有用户浏览器将 Web 应用提供的数据解释为 HTML 标记时，攻击才会发生。这两个前提与缓冲区溢出攻击有相似之处，因此有人认为 XSS 攻击是新型的"缓冲区溢出攻击"，而 JavaScript 就是新型的 Shellcode。

XSS 攻击主要有 3 种形式：反射型 XSS 攻击、存储型 XSS 攻击和 DOM 型 XSS 攻击，早期还有种攻击被称为"本地脚本漏洞攻击"，它利用页面中客户端脚本自身存在的安全漏洞进行 XSS 攻击，现在已经很难实现，因此本节主要介绍前述 3 种 XSS 攻击的基本原理。

反射型 XSS 攻击也被称为非持久型 XSS 攻击，是常见的跨站脚本攻击类型之一。与本地脚本漏洞攻击不同的是，在 Web 客户端使用 Server 端脚本生成页面为用户提供数据时，如果未经验证的用户数据被包含在页面中，而未经 HTML 实体编码，便能够将客户端代码注入动态页面中。在这种攻击模式下，Web 应用不会存储恶意脚本，它会将未经验证的数据通过请求发送给客户端，攻击者就可以构造恶意的 URL 链接或表单并诱骗用户访问，最终达到利用受害者身份执行恶意代码的目的。反射型 XSS 攻击的过程如下。

（1）Alice 经常浏览 Bob 建立的网站。Bob 的 Web 站点允许 Alice 使用用户名和密码进行登录，并存储敏感信息（如银行账户信息）。

（2）Charly 发现 Bob 的 Web 站点包含反射型 XSS 漏洞。

（3）Charly 编写了一个利用漏洞的 URL，并将其冒充为来自 Bob 的邮件发送给 Alice。

（4）Alice 在登录到 Bob 的 Web 站点后，浏览 Charly 提供的 URL。

（5）嵌入 URL 中的恶意脚本在 Alice 的浏览器中执行，就像它直接来自 Bob 的服务器一样。此脚本会盗窃 Alice 的敏感信息（授权、信用卡和账号信息等），然后在 Alice 完全不知情的情况下将这些信息发送到 Charly 的 Web 站点。

储存型 XSS 攻击也被称为持久型 XSS 攻击，是一种十分危险的跨站脚本攻击。如果 Web 应用被允许存储用户数据，并且存储的用户输入数据没有经过正确的过滤，就有可能发生这类攻击。在这种攻击模式下，攻击者并不需要利用一个恶意链接，只要用户访问了储存了恶意用户输入的脚本数据的网页，那么恶意数据就将显示为网站的一部分并以受害者身份执行。

储存型 XSS 攻击的过程如下。

（1）Bob 拥有一个 Web 站点，该站点允许用户发布信息和浏览已发布的信息。

（2）Charly 注意到 Bob 的站点具有储存型跨站脚本漏洞。

（3）Charly 发布了一个热点信息，吸引其他用户来阅读。

（4）Bob 或其他人如 Alice 在浏览该信息时，其会话 Cookies 或者其他信息将被 Charly 盗走。

DOM 型 XSS 攻击并不是按照"数据是否保存在服务器端"划分的，它是反射型 XSS 攻击的一种特例，只是由于 DOM 型 XSS 的形成原因比较特殊，因此把它单独作为一个分类。DOM 型 XSS 攻击是通过修改页面 DOM 节点数据信息来进行的。

XSS 攻击的防范：各种网站的跨站脚本安全漏洞都是由于未对用户输入的数据进行严格控制，导致恶意用户可以写入 Script 语句，而这些 Script 语句又被嵌入 Web 应用中，从而得以执行。因此防范 XSS 攻击常用的方法是，在将 HTML 返回 Web 浏览器之前，对用户输入的所有内容进行过滤或编码。一些 Web 应用允许用户输入特定的 HTML 标记，如黑体、斜线、下画线和图片等。这种情况下，需要使用正则表达式验证数据的合法性，验证应当在服务器端进行，因为浏览器端的检查很容易被绕过。HTML 语言有很强的灵活性，同一种功能可能有许多不同的表现形式，因此验证数据通常使用白名单检查。

3.4.2.2　SQL 注入攻击及防御

SQL 注入攻击以网站数据库为目标，利用 Web 应用对特殊字符串过滤不完全的缺陷，通过精心构造的字符串非法访问网站数据库中的内容，或在数据库中执行命令。由于 SQL 注入攻击易学易用，网上各种 SQL 注入攻击事件层出不穷，严重危害网站的安全。大多数情况下，SQL 注入攻击发生在 Web 应用使用用户提供的输入内容来拼接动态 SQL 语句以访问数据库时。此外，当应用程序使用数据库的存储过程，如果使用拼接的 SQL 语句，也有可能发生 SQL 注入攻击。一般来说，只要是带有参数的动态网页且此网页访问了数据库，那么此网页就有可能存在 SQL 注入漏洞，如果编程人员安全意识不强，没有过滤用户输入的一些字符，则发生 SQL 注入的可能性就非常大。

SQL 注入的攻击流程如下。

1. 发现 SQL 注入点。发现 SQL 注入点是实施 SQL 注入攻击的第一步，常见的 SQL 注入点存在于形如"http://SITE/xxx.asp?id=yyy"的动态网页中。一个动态网页可能有一个或多个参数，参数类型可能是整数或者字符串，总之只要某些参数用于生成 SQL 语句以访问数据库，就可能存在着 SQL 注入漏洞，一旦编写这些动态网页的程序员没有足够的安全意识和安全编程技术，没有对用户输入进行必要的转文字符过滤和类型检查，如未判断用户输入参数是合法整数类型，那么存在 SQL 注入漏洞的可能性就非常大，而对这些 Web 应用进行 SQL 注入攻击的成功率也非常高。

当 id 字段是整数型参数时，通常数据库操作语句为"SELECT * FROM table WHERE

id='yyy'"，可将参数取值 id 设置为如下 3 种不同的字符，并通过返回页面来确定该动态页面是否存在 SQL 注入点。

将原先的"yyy"取值修改为"yyy`"，请求 URL 为 http://SITE/xxx.asp?id=yyy`，由于输入后的数据类型不符合要求，造成 SQL 话句错误，动态页面会返回错误提示信息。

将原先的"yyy"取值修改为"yyy and 1=1"，请求 URL 为"http://SITE/xxx.asp?id=yyy and 1=1"，SQL 操作语句则变为"SELECT * FROM table WHERE id='yyy' and 1=1"，由于"1=1"是永真式，不对查询条件造成任何影响，因此"xxx.asp"将正常运行，返回正常页面。

将原先的"yyy"取值修改为"yyy and 1=2"，请求 URL 为"http://SITE/xxx.asp?id='yyy' and 1=2"，SQL 操作语句则变为"SELECT * FROM table WHERE id=yyy and 1=2"，由于"1=2"是永假式，那么将查询不到任何信息，应返回空白页面或错误提示信息。

如果以上 3 种不同的情况都满足的话，我们可以认定该 Web 应用对整数类型输入缺乏严格的类型检查，存在 SQL 注入点。当 id 字段是字符串型参数时，也可用上述方法进行判断。

2. 判断后台数据库服务器类型。虽然不同的数据库管理系统都支持 T-SQL 标准，但在 MS SQL Server 和 ACCESS 之间还存在着许多不同之处，对后台数据库的服务器类型进行准确判断有助于人们更有效地实施 SQL 注入攻击，可以通过查询数据库服务器的系统变量、系统表来判断后台数据库服务器类型。

不同数据库服务器拥有不同的系统变量，如 MS SQL Server 有 user 和 db_name() 等系统变量，而 MySQL 也有 basedir（MySQL 服务器安装路径）等系统变量，利用这些系统变量可以判断出当前 Web 应用的后台数据库服务器的类型，如执行"http://SITE/xxx.asp?id=yyy and db_name()>0"不仅可以判断是否是 MS SQL Server，而且还可以得到当前正在使用的数据库名。

ACCESS 的系统表是 MSysObjects，且在 Web 环境下我们没有访问权限，而 MS SQL Server 的系统表是 sysobjects，在 Web 环境下我们有访问权限。对于以下两条语句：

① http://SITE/xxx.asp?id=yyy and (select count(*) from sysobjects)>0

② http://SITE/xxx.asp?id=yyy and (select count(*) from msysobjects)>0

若数据库是 MS SQL Server，则第一条请求 URL 一定运行正常，第二条则异常；若数据库是 ACCESS，则两条都会异常。

3. 后台数据库中管理员用户账号的口令字猜解。通常一些 Web 应用中都存在着一些管理员用户账号，他们具有管理和维护 Web 应用的特殊权限和功能，如上传/下载文件、目录浏览、修改配置等，而这些管理员用户账号的信息一般也存放在后台数据库中。通过

SQL 注入攻击如果能够猜解并获取管理员用户账号的口令字，那么攻击者就可以通过后台管理界面以管理员的身份登录和控制整个 Web 应用。进行管理员用户账号的口令字猜解的攻击过程一般包括猜解表名、猜解字段名，以及猜解用户名与口令猜解。

利用已发现的 SQL 注入点，根据个人经验来猜解管理员用户账号所在的表名，一般来说可能是 user、users、member、members、userlist、memberlist、userinfo、sysuser、sysusers、sysaccounts、systemaccounts 等，并不断请求如下形式的 URL，"http://SITE/xxx.asp?id=yyy and (select count(*) from gussed_tbl_name)>0"，根据反馈页面进行判断。

在确定表名（假设为 Admin）之后，也可以采用类似的猜解字段常用名称的方法来进行判断，如用户名字段常用的名称有 username、name、user、account 等，而密码字段的常用名称有 password、pass、pwd、passwd 等，并通过请求 "http://SITE/xxx.asp?id=yyy and (select count(gussed_rec_name) from Admin)>0" 来进行判断。对于 MS SQL Server，也可以从 sysobjects 系统表中读取指定用户表的结构信息，从而判断出用户名和口令字段名称，假设以 username 和 passwd 来举例。

在得到表名、字段名之后，下一步就是猜解用户名和口令字段的字段值了，已知表 Admin 中存在 username 字段，我们可以取第一条记录，首先猜解用户名字段的长度，可通过如下 SQL 注入请求 URL。

http://SITE/xxx.asp?id=yyy and (select top 1 len(username) from Admin)>[gussed_length]

在获得字段长度信息之后，可以逐位地猜解字符串每位字符的 ASCII 码值，为了加快猜解速度，可采用二分法来快速逼近真实取值，使用 mid(username，N，1)可以截取第 N 位字符，再用 asc(mid(username，N，1))得到其 ASCII 码值：

(select top 1 asc(mid(username，N，1)) from Admin)>[gussed_ascii]

通过逐位获取 ASCII 码值，最后我们可以得到 username 字段的具体取值，即管理员用户账号，对口令字段值的猜解过程也类似，但需要注意的是，数据库存储的口令有时是经过 MD5 加密的，我们可以通过注入 SQL 修改口令，或者使用 MD5 破译软件进行进一步的破解。

4. 上传 ASP 后门，得到默认账户权限。攻击者在破解得到 Web 应用管理员用户名和口令字之后，通过找出后台管理界面并登录，攻击者就可以通过后台管理界面所提供的上传/下载文件等功能上传 ASP 后门（黑客社区中常称之为 ASP 木马，但按照其绕过正常安全控制机制给出远程控制通道的作用，应称之为 ASP 后门），对 Web 站点进行远程控制。ASP 后门被上传至 Web 虚拟目录的 Scripts 下，攻击者就可以通过浏览器访问它，进而得到 Web 服务器软件的默认账户权限，一般为受限的系统用户权限，但已经可以获得执行本地命令、在 Web 虚拟目录中进行文件的上传/下载等初步的控制功能了。后续通过提升权限就可以完全掌控整个系统了。

接下来介绍 SQL 注入漏洞的防御方法。由于 SQL 注入攻击的 Web 应用运行在应用层，对于绝大多数防火墙来说，这种攻击是"合法"的（Web 应用防火墙除外）。问题的解决只能依赖于完善编程。因此在编写 Web 应用时，应遵循以下原则来减少 SQL 注入漏洞。

1. 过滤单引号。从前面的介绍可以看出，在 SQL 注入攻击面探测时，攻击者提交的参数中需要包含","、"and"等特殊字符；攻击者在实施 SQL 注入时，需要提交";"、"- -"、"select"、"union"、"update"、"add"等字符串构造相应的 SQL 注入语句。

因此，防范 SQL 注入攻击的有效方法是对用户的输入进行检查，确保用户输入数据的安全性。在具体检查用户输入或用户提交的变量时，根据参数的类型，可对单引号、双引号、分号、逗号、冒号和连接号等符号进行转换或过滤，这样就可以防止很多 SQL 注入攻击。例如，大部分的 SQL 注入语句中都少不了单引号，尤其是在字符型注入语句中，因此一种最简单有效的方法就是单引号过滤法。过滤的方法可以是将单引号转换成两个单引号，此举将导致在对用户提交的数据进行 SQL 语句查询时出现语法错误，也可以将单引号转换成空格，对用户输入的数据进行严格限制。

上述方法将导致正常的 SQL 注入失败。但如果用户提交的参数两边并没有被单引号封死，仅仅依靠过滤用户数据中的单引号来防御 SQL 注入的话，那么攻击者很可能会非法提交一些特殊的编码字符，以此绕过网页程序的字符过滤，这些特殊的编码字符经过网站服务器的二次编码后，就会重新生成单引号或空格之类的字符，构成合法的 SQL 注入语句，完成攻击。

2. 在动态拼装 SQL 语句的时候，一定要使用类型安全（type-safe）的参数编码机制。大多数的数据库 API，允许用户指定所提供的参数的确切类型（如字符串、整数、日期等）这样可以保证这些参数被正确地编码，以免被黑客利用。

3. 禁止将敏感数据以明文方式存放在数据库中，这样即使数据库被 SQL 注入攻击，也可减少泄密的风险。

4. 遵循最小特权原则。只给访问数据库的 Web 应用提供所需的最低权限，撤销不必要的公共许可，使用强大的加密技术来保护敏感数据并维护审查跟踪，确保数据库打了最新补丁。例如，如果 Web 应用不需要访问某些表，那么确认它没有访问这些表的权限。如果 Web 应用只需要只读的权限，从你的 account payables 表来生成报表，则应确认已禁止它对此表的 drop/insert/update/delete 权限。

5. 尽量不要使用动态拼装的 SQL，可以使用参数化的 SQL 或者直接通过参数化存储过程进行数据的查询与存取。

6. 应用的异常信息应该给出尽可能少的提示，因为黑客们可以利用这些消息来实现 SQL 注入攻击。因此，最好使用自定义的错误信息对原始错误信息进行包装，把异常信息存放在独立的表中。

3.4.2.3　HTTP 会话攻击及防御

在介绍 HTTP 会话攻击及防御前，读者应先了解下 Session（会话）和 Cookie。

在计算机术语中，会话是指一个终端用户与交互系统进行通信的过程，例如通过输入账户密码进入操作系统到退出操作系统就是一个会话过程。会话较多用于网络上，TCP 的三次握手就创建了一个会话，TCP 关闭连接就是关闭会话。

HTTP 属于无状态的通信协议。无状态是指当浏览器发送请求给服务器的时候，服务器响应，但是当同一个浏览器再发送请求给服务器的时候，服务器会响应但它不知道这还是刚才那个浏览器。简单地说，就是服务器不记得当前发送请求的是哪一个浏览器，所以是无状态协议。本质上，HTTP1.0 是短连接的，完成对请求的响应后断开了 TCP 连接，下一次连接与上一次无关。

为了识别不同的请求是否来自同一客户，需要引用 HTTP 会话机制，即在多次 HTTP 连接间维护与同一用户发出的不同请求之间关联的情况，被称为维护一个会话，通过会话管理对会话进行创建、信息存储、关闭等操作。

在 HTTP 会话的实现机制中，Cookie 与 Session（会话）是与 HTTP 会话相关的两个内容，其中 Cookie 存储在浏览器，Session 存储在服务器。

Cookies 是服务器在本地机器上存储的小段文本，并随每一个请求发送至同一个服务器。网络服务器用 HTTP 头向客户端发送 Cookies，在客户终端，浏览器解析这些 Cookies 并将它们保存为一个本地文件，它会自动将发送到同一服务器的任何请求附上这些 Cookies。

具体来说，Cookie 机制采用的是在客户端保持状态的方案。它是用户端存储会话状态的机制，它需要用户打开客户端的 Cookie。Cookie 的作用就是解决 HTTP 无状态的问题。

Cookie 分发是通过扩展 HTTP 来实现的，服务器通过在 HTTP 的响应头中加上一行特殊的指示以提示浏览器按照指示生成相应的 Cookie，然而纯粹的客户端脚本，如 JavaScript 也可以生成 Cookie，而 Cookie 的使用是由浏览器按照一定的原则在后台自动发送给服务器的。浏览器检查所有存储的 Cookie，如果某个 Cookie 所声明的作用范围大于等于将要请求的资源所在的位置，则把该 Cookie 附在请求资源的 HTTP 请求头上发送给服务器。

Session 机制是在服务器端维护客户端的会话状态的机制，服务器使用一种类似于散列表的结构（也可能就是使用散列表）来保存信息。当程序需要为某个客户端的请求创建一个 Session 时，服务器首先检查这个客户端的请求里是否已包含了一个 Session 标识（称为

Session ID）。如果已包含，则说明以前程序已经为此客户端创建过 Session，服务器就按照 Session ID 把这个 Session 检索出来使用（如果检索不到，则会新建一个）。如果客户端的请求里不包含 Session ID，则为此客户端创建一个 Session 并且生成一个与此 Session 相关联的 Session ID。Session ID 的值应该是一个既不会重复，又不容易被找到规律以仿造的字符串，这个 Session ID 将在本次响应中返回给客户端保存。保存这个 Sessions ID 可以采用 Cookie 的方式，这样在交互过程中浏览器可以自动地按照规则把这个标识发给服务器。

所以，一种常见的 HTTP 会话管理就是，服务器端通过 Session 机制来维护客户端的会话状态，而在客户端通过 Cookie 机制来存储当前会话的 Session ID。

基于 Session 的攻击手法有 3 种，即会话预测（Session Prediction）、会话劫持（Session Hijacking）、会话固定（Session Fixation）。接下来我们一一介绍。

1. Session Prediction

只要知道 Session ID，就可以获得应用程序的访问权限。如果 Session ID 的长度、复杂度、杂乱度不够，就有可能被攻击者猜测到。攻击者只要通过写程式不断暴力计算 Session ID，就有机会通过得到有效的 Session ID 来窃取使用者账号。分析 Session ID 的工具可以用以下几种：OWASP WebScarab、Stompy、Burp Suite。

使用 Session ID 分析程式进行分析，评估是否无法被预测。如果没有百分之百的把握认为自己撰写的 Session ID 产生机制是安全的，不妨使用内建的 Session ID 产生 function，通常都有一定程度的安全性。

2. Session Hijacking

会话劫持是最常见的攻击手法。攻击者可以利用多种方式窃取 Cookie 以获取用户的 Session ID。第一种，利用 XSS 漏洞窃取使用者的 Cookie。第二种，使用 ARP Spoofing 等手法窃听网络封包获取 Cookie。第三种，若网站允许使用 URL 传递 Session ID，便可能通过 Referer 取得 Session ID。可以通过如下方法来防护：禁止使用 URL（GET）方式来传递 Session ID；设定加强安全性的 Cookie 属性；设置 HttpOnly（无法被 JavaScript 存取）属性；Secure 属性（只在 HTTPS 之间传递，若网站无 HTTPS 请勿设定）；在需要权限的页面请使用者重新输入密码。

3. Session Fixation

攻击者诱使受害者使用特定的 Session ID 登入网站，而攻击者就能取得受害者的身份。攻击者从网站取得了有效的 Session ID，攻击者用该 Session ID 构建了一个 URL，使用社交网络等手法诱使受害者点击链接，受害者使用该 Session ID 登入网站，然后输入账号密码成功登入网站，会话成功建立。注意在使用者登入成功后，浏览器立即重置 Session ID，防止攻击者操控 Session ID。禁止将 Session ID 通过 URL(GET)方式来传递可以降低风险。

那要怎么防范攻击呢？当然我们没办法确保用户不会因为攻击者的各种攻击方式导致 Cookie 遭窃（XSS、恶意程序等），因此最后一道防线就是网站的 Session 保护机制。Session 保护机制利用了每个使用者特有的识别信息。每个使用者在登入网站的时候，我们可以用每个人特有的识别信息来确认身份：IP 地址或 User-Agent（用户代理）。如果在同一个 Session 中，使用者的 IP 地址或 User-Agent 改变了，最安全的方法就是把这个 Session 清除，请使用者重新登入。虽然使用者可能因为 IP 更换、Proxy 等因素导致被强制登出，但为了安全性，必须舍弃一定程度的便利性。

Session 的清除机制也非常重要。当服务器侦测到可疑的使用者 Session 行为时，例如攻击者恶意尝试伪造 Session ID、使用者 Session 可能遭窃或者超时等情况，都应该立刻清除该 Session ID 以免被攻击者利用。

管理者有防止使用者账号遭窃的责任，使用者账号遭窃一直以来都是显著的问题，但却鲜少有网站针对 Session 机制进行保护。攻击者可以轻松使用 firesheep 之类的工具窃取用户账号。国外已经有不少网站可在侦测到 Session 可能遭窃时将用户账号强制登出，但国内目前还鲜少有网站能实现此防御，设备商的 Web 管理界面更少针对 Session 进行保护。如果 VPN Server 等设备可侦测到 Session ID 的伪造，在 OpenSSL Heartbleed 事件发生时就不会有那么惨重的损失了。

3.4.2.4　CSRF（跨站请求伪造）攻击

跨站请求伪造（Cross-site request forgery），也被称为 One-Click Attack 或者 Session Riding，通常缩写为 CSRF 或者 XSRF。这种攻击利用用户已登录的身份，在用户毫不知情的情况下，攻击者以用户的名义完成非法操作。CSRF 与跨站脚本（XSS）攻击相比，XSS 攻击利用的是用户对指定网站的信任，CSRF 攻击利用的是网站对用户网页浏览器的信任。例如当用户登入转账界面，突然弹出第三方链接窗口，在用户点击该链接后，攻击者会利用用户登录状态的 Cookie 等信息进行非法操作（攻击者利用这些信息伪造请求报文）。CSRF 的攻击原理如图 3-10 所示。

1. 用户 C 打开浏览器，访问受信任网站 A，输入用户名和密码请求登录网站 A。

2. 在用户信息通过验证后，网站 A 产生 Cookie 信息并返回给用户浏览器，此时用户登录网站 A 成功，可以正常发送请求到网站 A。

3. 用户在退出网站 A 之前，在同一浏览器中，打开一个标签页访问网站 B。

4. 网站 B 接收到用户请求后，返回给用户浏览器一些攻击性代码，并发出一个请求要求访问第三方站点 A。

5. 浏览器在接收到这些攻击性代码后，根据网站 B 的请求，在用户不知情的情况下携带 Cookie 信息，向网站 A 发出请求。网站 A 并不知道该请求其实是由网站 B 发起的，所以会根据用户 C 的 Cookie 信息以 C 的权限处理该请求，导致来自网站 B 的恶意代码被执行。

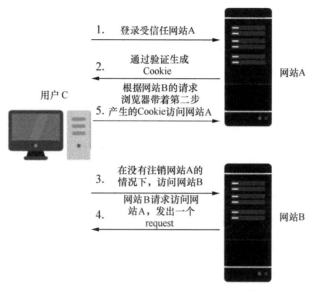

图 3-10　CSRF 的攻击原理

3.4.2.5　点击劫持

上一小节讲的 CSRF 攻击可以在用户不知不觉中完成。但是，在需要与用户进行交互的场景中，CSRF 攻击操作是无法进行的，比如之前说的验证码。但是，有一种新的攻击方式可以绕过这个限制，使用户在不知不觉中完成交互过程，这就是 Clickjacking 攻击——点击劫持。点击劫持是一种利用视觉欺骗的攻击手段。攻击者将需要攻击的网站通过 iframe 网页嵌套的方式嵌入自己的网页中，并将 iframe 设置为透明，在页面中透出一个按钮诱导用户点击，例如在用户登录 A 网站后，被攻击者引诱点击了第三方网站链接，第三方网站中使用 iframe 嵌套了 A 网站的部分信息，并将其隐藏,然后透出一个按钮并诱惑用户点击，这时用户点击的按钮实际上是 A 网站上的某个按钮，从而诱骗到点击量。

想让用户按攻击者的目的点击相应的按钮，就需要诱导用户进行操作，点击劫持攻击的方式就是在为用户展示的页面上再加上一个透明的页面，诱使用户点击。实际上，就是把一个 iframe 页面放在真实页面之上，再把这个 iframe 页面中想要用户点击的地方放在真实页面用户需要点击的地方，如图 3-11 所示。2008 年，互联网安全专家 Robert Hansen 与 Jeremiah Grossman 发现了这个漏洞，在他们发现的时候，许多互联网厂商都要求他们暂缓发布漏洞，因为当时这个漏洞几乎存在于所有的浏览器中，攻击者使用这种攻击方式可以完成许多以前不能完成的操作。

BEST GAME EVER!

PLAY!

图 3-11 点击劫持

一般来说，点击劫持攻击有以下几种方式。首先是 Flash 点击劫持，比起浏览页面，与用户互动性很高的 Flash 游戏是点击劫持攻击的重灾区。攻击者通过设计一些需要用户点击的小游戏，诱使用户完成一组操作，达到一些不可告人的目的，比如打开用户的摄像头。所以，一些小网站上的游戏最好不要玩，如果一定要玩，也要确保之前没有打开网上银行等重要网站，最好可以在玩之前关闭浏览器的插件。

其次是图片覆盖攻击，既然点击劫持攻击欺骗了用户的视觉，那么采用图片覆盖也可起到类似作用。这种攻击通过调整图片使得图片可以覆盖在指定位置上。如果攻击者将图片伪装成一个正常的链接、按钮或者在图片中构造一些文字覆盖在关键字位置上，这样就完全改变了开发者所表达的意思，此时不需要用户点击也可达到欺骗用户的目的。比如攻击者用图片覆盖网站的 logo，这一般用于钓鱼攻击。再简单一点，可以直接更改一些信息，比如把客服的电话号码替换成攻击者自己的，用户在线下拨打这些电话时，就很有可能受到欺骗。

还有一种攻击方式是拖拽劫持，这种攻击是在浏览器拖拽功能出现后才出现的。浏览器的拖拽功能可以直接把选中的内容拖拽到新的页面上或者其他应用中。对于用户来说，拖拽的操作更加简单，不管是一个链接、一段文字还是一个窗口，都可以实现拖拽操作，因此拖拽不受同源策略的限制。拖拽劫持的思路是诱使用户从隐藏不可见的 iframe 中拖拽出攻击者希望得到的数据，并放到攻击者能控制的另外一个页面中，达到窃取用户数据的目的。

现在，在智能手机上的触屏劫持也是一种点击劫持攻击方式，由于手机的大小有限，为了提高用户的使用体验，浏览器可能采用隐藏导航栏等办法增加显示页面的大小，这就会让点击劫持攻击变得更加容易。

如果要防御点击劫持攻击，可以在网页中增加禁止 iframe 嵌套的代码，但这种手段存在被绕过的可能性，另一种方法是使用 X-Frame-Options 这种 HTTP 响应头，它可以把

iframe 标签的控制权交给浏览器，这样浏览器可以决定是否在当前页面使用 iframe。HTTP 响应头 X-Frame-Options 由微软开发，专门用来防御利用<frame>标签、<iframe>标签或者<object>标签形成的点击劫持。X-Frame-Options 是为浏览器指示可否允许一个页面在<frame>标签、<iframe>标签或者<object>标签中展现的标识。网站可以使用此功能来确保其内容未被嵌入其他的网站，从而也避免了点击劫持。它有 3 个可选的值：DENY——浏览器会拒绝当前页面加载任何 frame 页面；SAMEORIGIN——frame 页面的地址只能为同源域名下的页面；ALLOW-FROM origin——可以定义允许 frame 加载的页面地址。

点击劫持攻击是一种攻击成本比较高的攻击，因为攻击者得精心设计攻击脚本才行，所以它比较少见，但它在未来仍是一种具有很大威胁的漏洞，人们需要注意。

3.4.2.6　OS 命令注入攻击

原理与 SQL 注入类似，只不过 SQL 注入是针对数据库的，而 OS 命令注入是针对操作系统的，主要原因是输入验证不足。即 OS 命令注入攻击指通过 Web 应用，执行非法的操作系统命令达到攻击的目的。只要在能调用 Shell 函数的地方就存在被攻击的风险。倘若调用 Shell 时存在疏漏，就可以执行插入的非法 OS 命令，向 Shell 发送命令，让 Windows 或 Linux 操作系统的命令行启动程序。通过 OS 命令注入攻击可执行操作系统上安装着的各种程序，进而攻击者可继承 Web 服务器权限（Web 用户权限）去执行系统命令、读写文件，也可进一步控制整个网站、整个服务器。

OS 命令注入一般有两种类型：

第一种类型是，应用程序执行自己控制的固定程序，通过用户输入的参数来执行命令。这时，可以通过参数的分隔符，在参数中注入命令，来执行攻击者想要运行的命令。

第二种类型是，应用程序将输入的整个字符串作为一个命令，应用程序只做中转，将命令传给操作系统执行，例如，通过 exec 来执行命令，这时可以通过命令分隔符注入命令。

1．通过参数注入命令

图 3-12 中的代码是一段 PHP 代码，PHP 提供了 3 个可以执行外部命令的函数：system()、esec()、passthru()。同时 PHP 还提供了 popen()函数，通过打开一个进程管道来执行给定的命令，但必须有权限才可以实现。

```
$username = $_POST["user"];
$command = 'ls −l /home/' .$username;
System($command);
```

图 3-12　示例代码

59

如果用户名没有完成输入验证，比如输入的$username 如下。

```
;rm -rf/
```

那么，$command 的结果如下。

```
ls -l/home/:rm -rf/
```

由于分号在 Linux 和 UNIX 系统下是命令的分隔符，系统首先会执行 ls 命令，然后执行 rm 命令，接下来整个系统文件都会被删除。另外，还有一个需要注意的地方是，由两个反引号括起来作为一个表达式［'command'和$command 的含义相同］，这个表达式的值就是这个命令执行的结果。

2. 通过命令分隔符注入命令

Java 代码也提供一些接口，如 Runtime.getRuntime().exec("command")，System.exec("command")，通过调用这两个命令，可以执行一些系统命令。代码如图 3-13 中所示。

```
Public static void osAttack(String command){
    Runtime run = Runtime.getRuntime();
    try{
        Process process = run.exec("cmd.exe /k start"+ command);
        InputStream in = process.getInputStream();
        While (in.read() != −1){
            System.out.println(in.read());
        }
        in.close();
        process.waitFor();
    } catch (Exception e){
    e.printStackTrace();
    }
}
```

图 3-13　示例代码

在运行这些接口的时候也应该注意，如果 command 参数没有处理好，也很容易导致 OS 命令行注入攻击。如果执行的 command 命令如下：

```
echo"hello world"
```

如果输入的是：

```
echo"hello world"| dir
```

dir 命令就会被执行，并且会显示当前的目录结构。一般系统的命令分隔符有"；""&""&&""|""||"。

通过以上例子可以总结出，OS 命令行注入可以使没有授权的代码或者命令得到执行，比如 exit、restart、读取文件和目录、读取应用数据、修改应用数据甚至隐藏一些非法操作。

当确定了 OS 命令注入漏洞后，通常可以执行一些初始命令来获取受到破坏的系统的相关信息。表 3-1 是一些在 Linux 和 Windows 平台上有用的命令的摘要。

表 3-1 常用系统命令

命令目的	Linux	Windows
查看当前用户名	whoami	whoami
显示操作系统信息	uname -a	ver
查看网络配置	ifconfig	ipconfig/all
查看网络端口	netstat -an	netstat -an
显示当前运行的进程信息	ps -ef	tasklist

许多 OS 命令注入的实例都是盲漏洞，这意味着应用程序不会在其 HTTP 响应中返回命令的输出。盲漏洞仍然可以被攻击者利用，但是需要不同的技术。假设有一个网站允许用户提交有关该站点的反馈信息，用户输入他们的电子邮件地址和反馈消息，然后，服务器端应用程序会生成一封包含反馈的电子邮件并向站点管理员发送。为此，服务器端使用用户提交的详细信息调出邮件程序，例如：

```
mail -s "This site is great" -aFrom:peter@xxx.net feedback@xxx.com
```

mail 命令的输出（如果有）没有作为应用程序的响应返回，因此使用 echo 命令的有效负载将无效。在这种情况下，你可以使用以下其他技术来检测和利用漏洞。

使用时间延迟检测 OS 命令盲注。可以使用注入的命令来触发时间延迟，从而允许你根据应用程序响应时长来确认命令是否被执行。使用 ping 命令是执行此操作的有效方法，因为它使你可以指定要发送的 ICMP 数据包的数量，从而指定该命令运行所花费的时间，命令如下：

```
& ping -c 10 127.0.0.1 &
```

ping 命令将导致应用程序 ping 环回网络适配器 10 秒。

通过输出重定向来利用 OS 命令盲注。你可以将注入命令的输出重定向到 Web 根目录下的文件中，然后可以使用浏览器进行检索。例如，如果应用程序使用文件系统位置 /var/www/static 作为静态资源目录，那么你可以提交以下输入：

```
& whoami > /var/www/static/whoami.txt &
```

> 字符将 whoami 命令的输出发送到指定文件中。然后，你可以使用浏览器获取 https://xxx.com/whoami.txt 来检索文件，并查看注入命令的输出结果。

利用带外（OAST）技术利用 OS 命令盲注。可以使用注入的命令，通过 OAST 技术触发与你控制的系统的带外网络交互。例如：

```
& nslookup xxx.com &
```

此有效负载使用 nslookup 命令对指定域进行 DNS 查找。攻击者可以监视是否发生了指定的查找，从而检测到命令是否已成功注入。

到目前为止，防止 OS 命令注入攻击最有效的方法是永远不要在应用程序层代码中调用 OS 命令。大部分情况下，都有使用更安全的平台 API 来实现所需功能的替代方法。如果认为无法避免通过用户提供的输入调用 OS 命令，则必须执行严格的输入验证。有效验证的一些示例如下。

（1）不仅要在客户端过滤用户输入，也要在服务器端进行过滤。

（2）要用最小权限去运行程序，不要给予程序多余的权限，最好只允许程序在特定的路径下运行，可以通过明确的路径运行命令去限制程序的运行路径。

（3）在程序执行错误时不要显示与内部相关联的细节。

（4）如果只允许运行有限的命令，则使用白名单的方式过滤。

（5）对于需要运行命令的请求，尽可能减少外部数据的输入，比如，能传参数的就不要传命令行；Web 应用程序，如果可以将一些数据保存在会话中，就不要发给客户端。

（6）如果需要下载文件，可以分配给文件一个 ID 号，通过 ID 号来访问，而不是通过文件名来访问。如果允许输入文件名，则需要严格检查文件名的合法性，避免可能的命令注入攻击。

本章小结

本章介绍了漏洞的基本概念，包括漏洞类型、原理等内容，进一步介绍了溢出漏洞利用的原理，并详细地介绍了漏洞利用的机制，最后对 Web 应用攻击的基本原理及类型进行了详细描述，有助于了解不同的漏洞类型及相应的攻击行为的情况。

本章习题

1. 漏洞攻击是什么？
2. 溢出漏洞有哪些关键技术？
3. 漏洞利用保护机制有哪些？
4. Web 应用的基本原理是什么？
5. Web 应用攻击有哪些类型？

第4章

防火墙技术

▶ 学习目标

（1）边界安全设备

（2）防火墙的种类

（3）防火墙体系结构

（4）防火墙的选购与安装

（5）防火墙产品

▶ 内容导学

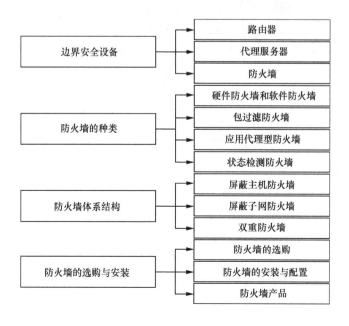

21 世纪，随着互联网技术的不断发展，计算机实现了高效互联，人们之间的通信不再受空间和时间的限制，随时随地都可以发送消息，进行通信。然而，当前的计算机网络中存在某些潜在的信息安全隐患，例如特洛伊木马病毒的入侵，计算机自身安全系统的性能不佳以及后台程序容易受到攻击等，这些风险在一定程度上会给用户带来损失。在此背景下，信息安全也获得了更大的关注，计算机网络如果想要具有足够的安全系数，不仅应该具备完整性，还应该具备保密性、可靠性和不可否认性。由此可见，建立一套实用的计算机网络安全体系，并从法律及政策上给予相应的支持是极其重要的。

在所有的网络安全技术中，防火墙技术属于最基本的，也是最常用的，因此，人们应该深入了解它，并充分发挥它的防护功能，将来自网络的诸多威胁拒之门外。防火墙技术作为维护计算机网络信息环境安全的核心技术，具有过滤计算机中的有害信息、实现代理服务等多种功能，是一种可以有效地净化计算机网络信息的安全系统。

防火墙的发展可以类比人类的进化，人类从最早的类人猿一步步进化成为可以根据现实环境做出反应的现代人类，如图 4-1 所示。

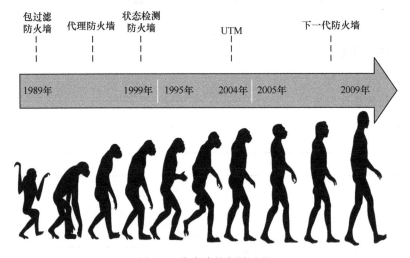

图 4-1　防火墙的发展过程

防火墙技术最早可以追溯到 20 世纪 80 年代末期，在 1989 年出现了第一代防火墙（包过滤防火墙），可以实现简单的访问控制。随后出现的代理防火墙，在应用层代理内部网络和外部网络之间的通信，属于第二代防火墙，安全性能较高，但是处理速度仍然比较缓慢。

1995 年以来，状态检测防火墙已成为一种趋势，并且防火墙也开始添加其他功能。2004 年，业界提出了统一威胁管理（Unified Threat Management，UTM）的概念，该概念将传统防火墙、入侵检测、防病毒、统一资源定位系统（Uniform Resource Locator，URL）过滤、应用程序控制和邮件过滤功能集成到防火墙中，以实现全面的安全保护。

2005 年之后，UTM 产品大规模出现之后，遇到了新的问题。首先，这种产品限制了应用层信息的检测程度，这使得深度包检测技术（Deep Packet Inspection，DPI）得到了广泛的应用。其次是性能问题，如果同时运行这些功能，则会严重降低 UTM 设备的处理性能。

在 2008 年，Palo Alto Networks 发布了下一代防火墙，该防火墙不仅解决了多个功能同时运行时性能下降的问题，同时还能够基于用户、应用程序和内容进行管理和控制。2009 年，Gartner 定义了下一代防火墙，并阐明了下一代防火墙应具有的功能和特性。防火墙自此进入了一个全新的时代。

4.1 边界安全设备

随着科学技术和网络安全技术的不断发展，网络边界安全和网络边界访问已成为企业亟待解决的问题。近年来，我国建立了网络边界安全体系并制定了网络边界安全文件，例如公安部建立的分级保护体系，保安局制定的分级保护标准，中国移动的安全域项目以及电力行业的双网隔离要求等，这些与网络边界安全密不可分。当前，更多的边界安全设备用于保护内部网络的安全，例如路由器、代理服务器和防火墙。

4.1.1 路由器

1. 路由器的概念

路由器（Router）是工作在开放系统互连（Open System Interconnection，OSI）参考模型，也就是 7 层模型中的第 3 层，即网络层的多端口设备，其中 OSI 参考模型的结构如图 4-2 所示。路由器用于连接多个网络或网段的网络设备，其主要作用是在不同网络或网段之间"转换"数据包，这些路由器可以正确地发送和接收彼此的数据，从而形成一个更大的网络。路由器由硬件和软件组成，它可以连接到具有不同传输速率的局域网和广域网，并在各种环境中运行。

在互联网中，路由器可以说是最关键的一部分，它其实就是网络中的交通枢纽，把不同的网络连接在一起，使它们相互之间可以通信。因特网就是通过成千上万台路由器把世界各地的网络连接起来，使人们可以方便地开展各种业务、获取信息等。

换句话说，路由器可以在不同的网络或网段之间"转换"数据信息，以便它们可以"读取"彼此的数据，从而形成更大的网络。这需要一系列路由协议来实现相互"了解"，例如路由信息协议（Routing Information Protocol，RIP）、开放式最短路径优先协议（Open Shortest Path First，OSPF）、增强内部网关路由协议（Enhanced Interior Gateway

65

Routing Protocol，EIGRP）、互联网协议第 6 版（Internet Protocol Version 6，IPv6）等。路由器具有两个典型功能，即数据通道功能和控制功能。数据通道功能包括转发决策、背板转发和输出链路调度等，一般由特定的硬件完成；控制功能通常通过使用软件来实现，包括与相邻路由器之间的信息交换、系统配置和系统管理。

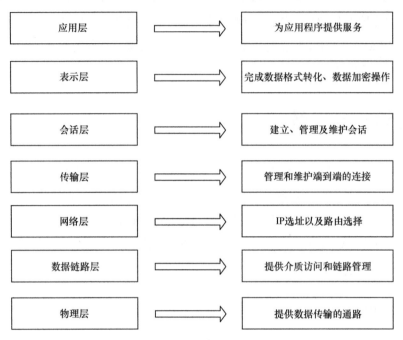

图 4-2   OSI 参考模型图

在局域网（Local Area Network，LAN）访问广域网（Wide Area Network，WAN）的多种方式中，通过路由器访问因特网是最常见的方式。使用路由器互联网络的最大优点是：每个互联子网保持独立，每个子网可以采用不同的拓扑结构、传输介质和网络协议，网络结构是分层的，并且某些路由器还具有虚拟局域网（Virtual Local Area Network，VLAN）管理功能。

路由器的数据转发基于路由表实现，每个路由器内部都有一个路由表，路由表中记录各个已知的目的地址以及这些地址的输出线路，根据该路由表可以确定数据包的转发路径。路由器通过与网络上的其他路由器交换路由信息和链路信息来维护路由表。因此，路由器具有判断网络地址并选择转发路径的功能。

当路由器收到数据包后，首先判断这是路由协议信息交换包还是转发的数据包，若是前者，则交给相应模块去处理，如图 4-3 所示；若是后者（绝大多数情况是后者），则需要根据数据包的地址，查询路由器内部的路由表来决定输出端口以及下一跳地址，并且重写链路层数据包头实现转发数据包。

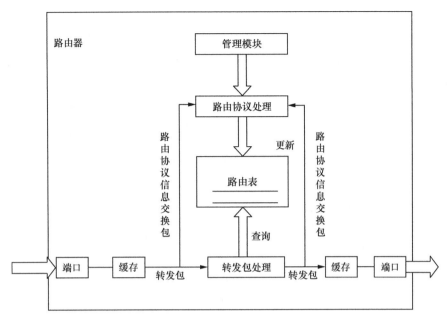

图 4-3　路由协议工作原理

2. 路由器的工作原理

路由器用于连接两个或多个网络，通过识别不同网络的网络 ID 号来识别不同的网络，因此，为了确保成功进行路由的连接，每个网络必须具有唯一的网络 ID 号。在使用传输控制协议（Transmission Control Protocol，TCP）/互联网协议（Internet Protocol，IP）的网络中，此网络号是 IP 地址的网络 ID 部分。该 IP 地址是分配给连接到计算机网络设备的数字标签，当然包括连接到网络的路由器，因此，路由器要识别另一个网络，首先要识别的就是另一个网络的路由器 IP 地址对应的网络 ID，并检查其是否与目标节点地址中的网络 ID 号一致。如果一致，就将其发送到该网络的路由器。从源网络收到消息后，接收网络的路由器将根据消息中包含的目标节点的 IP 地址中的主机 ID 号确定将其发送到哪个节点，然后再发送。

路由器的主要工作是存储和转发数据，具体过程如下。

步骤 1：当数据包到达路由器时，根据网络物理接口的类型，路由器调用相应的数据链路层功能模块，用于解释处理该数据包的链路层协议报头。这一步处理相对简单，主要用于验证数据的完整性，例如循环冗余校验（Cyclic Redundancy Check，CRC）和帧长校验。

步骤 2：当数据链路层完成对数据帧的完整性验证后，路由器便开始处理该数据帧的 IP 层。此过程是路由器工作的核心，路由器根据数据帧中 IP 报头的目标 IP 地址，在路由表中查找下一跳 IP 地址。同时，IP 数据包报头的生存时间（Time To Live，TTL）字段开始递减并重新计算校验和。

步骤 3：路由器根据路由表找到下一跳 IP 地址，将 IP 数据包发送到相应的链路层输出并封装在相应的链路层帧头中，最后通过输出网络物理接口发送出去。为了更清楚地说明路由器的工作原理，对于一个如图 4-4 所示的简单网络，其中一个网段的网络 ID 号为 A，并且在同一网段中有 4 个终端设备连接在一起。假定 A 网段中每个设备的 IP 地址为 A1、A2、A3 和 A4，连接到该网段的路由器用于连接其他网段，连接到 A 网段的端口的 IP 地址为 A5，连接到路由器另一端的是网段 B，此网段的网络 ID 号是 B，连接到网段 B 的其他工作站设备的 IP 地址是 B1、B2、B3、B4，连接到 B 网段上路由器端口的 IP 地址为 B5。

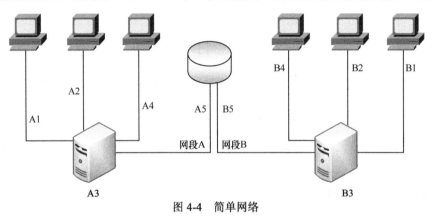

图 4-4　简单网络

如果 A 网段中的 A1 用户想要向 B 网段中的 B2 用户发送数据，则 A1 用户首先准备发送数据和发送报文，以数据帧的形式通过集线器或交换机广播到同一网段所有节点（当然包括路由器的 A5 端口）。路由器侦听到 A1 发送的数据帧后，分析目标节点的 IP 地址信息，知道它不在 A 网段中，然后接收该数据帧，并进一步根据其路由表进行分析。知道接收节点的网络 ID 号与 B5 端口的网络 ID 号相同后，此时，路由器的 A5 端口直接将数据帧发送到路由器的 B5 端口，然后 B5 端口根据数据帧中目标节点的 IP 地址信息中的主机 ID 号将最终目标节点确定为 B2，然后发送数据到节点 B2。这样，一个完整数据帧的路由和转发过程就结束了，数据正确且平稳地到达了目标节点 B2。

3. 路由器的主要功能

路由器最基本的功能是转发数据包和路由选择。路由器的功能主要体现在以下几个方面。

（1）在因特网之间转发数据包。路由器根据数据包中的源地址和目的地址将数据包转发到下一个路由器，并将其与路由表进行比较。这是路由器最重要和最基本的功能。

（2）选择最合理的不同网络间的通信路径。路由器的主要功能是有目的地转发数据包，但是如果有多个网络通过各自的路由器被连接在一起，并且如果一个网络中的用户想要向另一个网络中的用户发送访问请求，则路由器将分析请求源的接收请求以找到最佳通信路径的目标节点的地址中的网络 ID 号。

（3）拆分和组装数据包。此功能是第一个功能的辅助功能，因为有时转发数据包所通过的网络对数据包的大小有不同的要求。此时，路由器必须将大数据包拆分为小数据包。到达目标网络路由器后，目标网络路由器会将拆分后的数据重新打包为原始大小的数据包，然后根据目标节点的 MAC 地址将其发送到目标节点。

（4）不同协议之间的转换。诸多中高端路由器具有支持多种通信协议的功能，因此它们可以连接具有不同通信协议的两个网络。例如，常用的 Windows NT 操作平台使用的通信协议主要是 TCP/IP，而 NetWare 系统使用的通信协议是互联网分组交换协议（Internetwork Packet Exchange protocol，IPX）/序列分组交换（Sequenced Packet Exchange，SPX）协议，这需要支持这些协议的路由器进行连接。

（5）防火墙功能。当前，许多路由器都具有防火墙功能，该功能可以屏蔽内部网络的 IP 地址，自由设置 IP 地址和通信端口筛选，从而使网络更加安全。

4. 路由器选购的原理

购买路由器时应考虑的因素如下。

（1）访问方式

一般来说，根据载波信号的接入方式，路由器可以分为数字路由器和模拟路由器两种；而根据连接方式，路由器则可以分为交换路由器和专用线路路由器两种。如果通信量大又不经常波动，并且需要稳定的连接，则可以考虑使用专用线路协议，但租金较高，设备价格也较昂贵。如果通信量不大并且大多数数据是突发性的，则可以考虑通过异步拨号访问使用非专用线路，成本低，但带宽窄，连接不稳定。

（2）端口

每个路由器都有一个 LAN 接口和一个 WAN 接口，每个接口至少有一个。由于双绞线几乎已经成为网络布线的标准，因此大多数网络设备的 LAN 接口是 RJ-45 接口。就广域网接口（WAN）本身而言，有同步并行端口和异步串行端口。大多数路由器都具有这两个端口。

（3）外形尺寸

就像选择集线器一样，如果网络较大或已完成建筑物级别的集成布线，则该项目需要对网络设备进行机柜式集中管理，并且应选择 19 英寸（48.26 厘米）宽的机架式路由器。如果你没有上述要求，则可以选择性价比更高的台式机路由器。

（4）品牌

诸如 Cisco、3Com、Bay 等制造商主导着路由器市场，它们具有很高的综合市场占有率和相当大的技术优势。英特尔、华为、LG 等是该市场的后起之秀。他们都将价格作为挑战成熟制造商的利器。其中，华为以国内品牌独特的优质售后服务吸引了用户。

4.1.2 代理服务器

1. 代理服务器的概念

代理服务器使用与包过滤完全不同的方法，其在 OSI 参考模型的会话层上工作。它通常由服务器端程序和客户端程序两部分组成。客户端程序与中间节点代理服务器（Proxy Server）连接，并且中间节点实际上与要访问的外部服务器连接。这样，内部网络和外部网络之间就没有直接连接。当外部网络向内部网络申请服务时，代理服务器将会扮演中间角色，内部网络仅接受来自代理服务器的服务请求，并拒绝外部网络上的其他节点进行的直接请求。因此，即使防火墙存在问题，外部网络也无法获得与受保护网络的直接连接。

代理服务器以代理身份获取用户所需的数据。由于其代理功能，我们可以使用代理服务器来分析防火墙和用户数据。此外，我们还可以使用代理服务器节省带宽并加快内部网络对因特网的访问速度。当客户端有来自因特网的数据请求时，代理服务器将帮助用户前往目的地以获取用户所需的数据。因此，当客户端指定万维网（World Wide Web，WWW）的代理服务器后，代理服务器会捉取用户所有与万维网相关的要求。代理服务器将设置在整个局域网的单点外部防火墙上，并且局域网内的计算机都通过代理服务器向因特网请求数据，这就是所谓的代理服务器。

由于网络地址转换（Network Address Translation，NAT）服务可以屏蔽内部网络的 IP 地址，所有用户仅在外部占用一个 IP 地址，因此无须租用太多 IP 地址，这样可降低网络维护成本。但是，与此同时，它也存在缺点，因为外部 IP 地址使网络结构对外部不可见，所以许多网络黑客便通过此种方法隐藏了他们的真实 IP 地址并逃脱了监视。

代理服务器的另一个优点是它通常会设置一个大的硬盘缓冲区，该缓冲区的容量可能高达数 GB 或更大。当有外界的信息通过时，它也被保存在缓冲区中，特别是用于存储用户经常访问的站点的内容。当其他用户再次访问相同的信息时，服务器不需要重复获取相同的内容。服务器直接从缓冲区中检索出该信息并传递给用户，这不仅提高了整体访问速度，而且节省了网络资源。

代理服务器就像内部用户和外部世界之间的一堵墙。从外部只能看到代理服务器，而看不到内部资源，例如用户的 IP 地址。它比单个数据包过滤器更加可靠，并且将详细记录所有访问记录，即提供详细的日志（Log）和审核（Audit）服务，从而大大提高了网络的安全性，使软件的功能得到了充分的保证。

2. 代理服务器的工作原理

代理服务器的诞生是为了减少数据的长距离传输。它不仅可以代理客户端向服务器端发出请求，还可以代理服务器端向客户端发送用户所需的数据。客户端在浏览器中设置了代理服务器后，使用浏览器访问所有 WWW 站点的请求将不会直接发送给目标主机，而是先发送给代理服务器。代理服务器接受客户端的请求后，将请求发送到目标主机，并接受目标主机中的数据，将这些数据存储在代理服务器硬盘缓冲区中，然后代理服务器将用户所需的数据发送到客户端处。当客户端向服务器发出请求时，该请求将被发送到代理服务器，然后代理服务器将检查自己是否具有客户端所需的数据。如果有，代理服务器将代替服务器将数据传递给客户端。而且，代理服务器通常设置为距离客户端传输更近的某台代理服务器，因此，相比远程服务器将数据传输到客户端的速度，它的传输速度更快。

代理服务器工作在 OSI 参考模型的最高层，即应用层。它完全"阻塞"了网络通信流，并通过为每个应用服务编译一个特殊的代理程序来实现监视和控制应用层通信流的功能。代理服务器结构如图 4-5 所示。

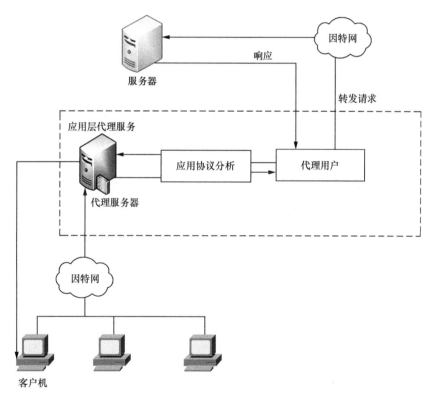

图 4-5 代理服务器结构

3. 代理服务器的主要特点

（1）突破自身的 IP 访问限制：可以访问部分之前无法访问的站点。

（2）提高访问速度：通常代理服务器会设置更大的硬盘缓冲区。当外部信息通过时，代理服务器会将信息保存在硬盘缓冲区中。当其他用户访问相同的信息时，则存在一个缓冲区可直接获取信息并将其传递给用户以提高访问速度。

（3）链接内部网和因特网，充当防火墙：由于所有内部网用户都可以通过代理服务器访问外部世界，因此仅映射了一个 IP 地址，外部世界无法直接访问内部网；同时，可以设置 IP 地址过滤以限制内部网外部访问。

（4）隐藏真实 IP：互联网用户可以通过这种方式隐藏自己的真实 IP，避免受到攻击。

（5）设置用户验证和计费功能：未注册的用户无权通过代理服务器访问因特网，并可统计用户的访问时间、访问位置和信息流。

4．代理服务器面临的挑战

（1）难以配置、维护。在服务器上搭建路由代理软件，需要专业人员操作，在软件和系统配置这两方面都比较麻烦，费时费力。

（2）无法长时间在线。由于服务器是软路由，长时间使用时，很容易出现死机现象。为此，用户需要每天强制重启一次服务器，且每周需要重装一次整个软件系统，才能减少死机的概率。尽管个人暂时能够接受这样的操作，但对企业未来发展现代化信息应用而言过于烦琐。

（3）占用大量服务器资源。代理服务器承担了接入功能后，会占用大量的服务器资源，当服务器运行一些大型管理软件时，由于服务器资源被分享，运行效率容易降低，出现兼容性问题，造成系统不稳定。

（4）费用高。正版路由软件的价格普遍偏高，甚至有时候超过了硬件设备的成本。但是如果使用非正版的软件，姑且不论道德压力和风险，非正版软件本身性能就并非可靠。我们在实践中不难发现，在普遍流行的非正版路由软件中，存在许多致命性功能障碍，其性能与正版相差甚远。

（5）稳健性较差。一旦软硬件遇到突发故障，其维护时间相对较长，需要相当长的时间才能执行正常的功能，尤其当死机后，如果直接强行启动，可能会对在同一台服务器上运行的管理软件和重要数据带来灾难性影响。

（6）无法完成某些专用接入功能。如果想让外网计算机用户来访问局域网内的 Web 或文件传输协议（File Transfer Protocol，FTP）服务器，用代理服务器上网的方法就比较难以实现。又如为了实现多条宽带线路混合接入（比如专网、小区宽带、电信、网通或联通等各运营商的不同线路），需要完善的负载均衡机制以及对多 WAN 的管理，代理服务器没有相应的专用功能。

4.1.3　防火墙

随着人们对计算机网络的使用越来越广泛和网络之间信息传输量的急剧增长，一些机构和部门在享受网络带来的便利的同时，其上网所产生的数据也遭到了不同程度的破坏，数据的安全性和自身利益受到严重威胁。

入侵企业内部网的可能是公司员工、网络黑客甚至是竞争对手。攻击者可以窃听网络上的信息，通过技术手段获取用户的密码以及企业内部的一些机密数据，甚至一旦数据库密码被破解，攻击者可以随意篡改数据，盗用用户身份，尤其是一些重要信息，像身份证号码、银行密码等极其私密的信息。更严重的是，攻击者可以删除数据库中的内容，破坏网络节点并释放计算机病毒，直到整个企业网络都被感染为止。因此，能否成功地防止网络黑客入侵，并确保计算机和网络系统的安全及正常运行已成为对网络管理员的重要要求。

一个健全的网络信息系统安全方案应该包括安全效用检验、安全审计、安全技术、安全教育与培训、安全机构与程序和安全规则等内容，这是一个复杂的系统工程。安全技术是其中一个重要环节，目前常用的安全技术有防火墙、防病毒软件、用户认证、入侵检测系统等。下面我们以防火墙为例，进行详细的讲解。

1. 防火墙的概念

防火墙的原始含义是古代人们在房屋之间建造的墙。这堵墙可以防止火灾发生时火势蔓延到其他房屋。图 4-6 是原始的防火墙示意图。

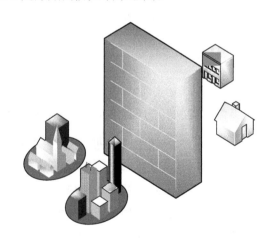

图 4-6　原始的防火墙示意图

在当今社会，防火墙更多的是指隔离在本地网络和外界网络之间的一个防御系统或者保护层。图 4-7 详细地描述了防火墙的体系结构。防火墙可以隔离风险区域（因特网或有一定风险的网络）与安全区域（局域网）的连接，同时不会妨碍安全区域对风险区域的访问，只有被授权的通信才能通过此防御系统，从而保护内部网免遭非法入侵，避免内部网资源被非法使用。防火墙已成为实现网络安全策略的最有效的工具之一，并被广泛地应用到因特网和企业内部网的建设上。

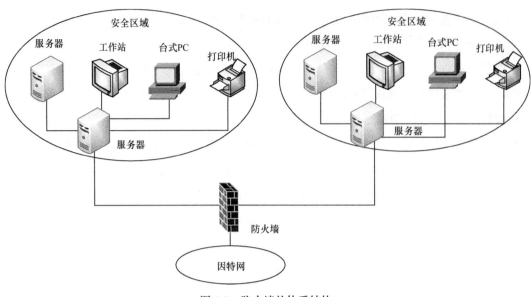

图 4-7　防火墙的体系结构

防火墙是一个介于内部网和外部网之间的安全防范系统。它是一种访问控制机制，用于确定哪些内部服务可以对外开放，以及允许哪些外部服务对内部开放。它可以根据网络传输的类型决定 IP 数据包是否可以进出企业内部网、是否阻止非授权用户访问企业内部、是否允许使用授权机器的用户远程访问企业内部、如何管理企业内部人员对因特网的访问。

2．防火墙的五大基本性能指标

（1）整机吞吐量

吞吐量是指防火墙在不丢包的情况下能够达到的最大数据包转发速率。随着因特网的日益普及，内部网用户访问因特网的需求在不断增加，一些企业也需要对外提供诸如网络页面浏览、文件传输等服务，这些因素会导致网络流量的急剧增加，而防火墙作为内外网之间的唯一数据通道，吞吐量就成了衡量防火墙质量的最重要指标。它是指防火墙每秒处理数据包的最大能力。设备吞吐量越高，可以提供给用户的带宽越大。足够的吞吐量可以确保防火墙不会成为网络瓶颈。假设在防火墙开启时，同时有 200 个用户在线，为每个用户分配 10Mbit/s 的带宽。如果此防火墙要确保所有用户的全速网络体验，则必须具有至少 2Gbit/s 的吞吐量。

防火墙的吞吐量实际上是一个静态指标，反映了在理想条件下设备的数据包转发能力。在实际应用中，理想情况下的吞吐量指标通常是无法达到的，对于用户而言，实际感觉到的是设备的应用处理能力，因此纯吞吐量指标无法说明防火墙的转发性能。

在测试防火墙吞吐量时，经常使用吞吐量指标，有效吞吐量有时被称为应用层的吞吐量。在有一定的新连接建立和并发的情况下，单个报文的应用层数据承载能力在很大程度上决定了应用层报文转发的能力。因此，在测试防火墙转发性能时，需要弄清测试负载的大小。为了更好地进行测试并获得更全面的吞吐量性能数据，必须测试在不同负载大小下的转发性能。在吞吐量基线测试中，超文本传输协议（Hyper Text Transfer Protocol，HTTP）通常被用作应用层协议。为了获得最佳的测试结果，通常选择 HTTP 1.1。每个 TCP 连接都处理尽可能多的 HTTP 事务，并且将 HTTP 负载设置得较大。

（2）时延

时延是系统处理数据包所需的时间。防火墙时延测试是指计算计算机存储和转发的时间，即接收、处理和转发数据包所花费的全部时间。在网络中，如果我们访问某个服务器，通常我们不会直接进行访问，而是需要经过大量的路由交换设备。每通过一个设备，就像我们经过高速公路上的收费站一样，这将花费一定的时间。一旦在某个点花费太长时间，它将影响对整个网络的访问。如果防火墙的时延很短，用户将根本感觉不到它的存在，从而提高了网络访问效率。

时延的单位通常是微秒，一台高效率防火墙的时延通常会在一百微秒以内。防火墙时延测试通常是在测试完吞吐量的基础上进行的测试。测试时延之前需要先测出每个包长下吞吐量的大小，然后将每个包长的吞吐量结果的 90%~95%作为时延测试的流量大小。一般防火墙时延测试要求不能够有任何的丢包。测试结果包括最大时延、最小时延、平均时延、一般记录平均时延。

（3）丢包率

在网络中进行数据传输时，是以数据包为单位的。不论网速的快慢，数据都不会被以线性方式传输，也就是说，数据包的传输不可能百分之百完成，在传输的过程中会存在一定的损失。碰到丢包的情况，互联网会根据双方计算机的协议来自动补包，如果线路足够好，速度足够快，那么数据包的损失会非常小，互联网进行补包的工作也相对比较容易，因此可以近似认为在数据传输过程中并未发生丢包。但是，如果线路较差，数据的损失量会非常大，互联网的补包工作也不可能百分之百完成，数据的传输会出现空洞，造成丢包。丢失的数据包数与通过防火墙发送的数据包数之比被称为丢包率，防火墙的丢包率对网络稳定性和可靠性有很大影响。

（4）并发连接数

并发连接数是指防火墙可以同时处理的最大连接会话数。这个指标越大，在一段时间内可以同时访问因特网的用户越多。随着 Web 应用程序的复杂化和点对点（Point to Point，P2P）类程序的广泛应用，每个用户产生的连接越来越多，甚至一个用户产生的连接数都有可能上千，更为严重的是，如果用户的计算机携带病毒，则会产生更多的连接。所以，目前主流的防火墙都要求能够达到几十万甚至上千万的并发连接数以满足一定规模的用户需求。

（5）新建连接速率

新建连接速率是指防火墙每秒可以处理的HTTP新建连接请求数量。每次用户打开网页并访问服务器，在防火墙看来，都是新建一个或多个连接。新建连接速率越高，可以同时提供网络访问服务的用户数量越多。

防火墙根据会话机制处理数据包，每个通过防火墙的数据包都必须具有一个相应的会话。会话建立的速度就是防火墙对新建连接的处理速度，新建连接的测试采用模拟真实用户和服务器之间的HTTP交互过程来实现，首先建立三向握手，然后用户转到HTTP服务器以获取页面，然后使用三向握手或四向握手关闭连接。测试仪每秒持续模拟大量用户连接访问服务器，以测试防火墙的最大新建连接速率。

常用的防火墙性能测试工具有SmartBits和IXIA，每种工具所使用的模块及用途见表4-1。

表4-1　防火墙性能测试工具所使用的模块及用途

工具名称	模块名称	用途
SmartBits	Application	TCP/IP 2-3 层测试
	SmartFlow	TCP/IP 2-3 层测试
	WebSuite	TCP/IP 4-7 层测试
	SmartWindow	数据包构造及模块管理工具
IXIA	ScriptMate	TCP/IP 2-3 层测试
	IxLoad	TCP/IP 4-7 层测试
	IxExplorer	数据包构造及模块管理工具
	IxAttack	DDoS 攻击工具

3. 防火墙的安全性设计

（1）用户认证

对于防火墙而言，用户认证主要是对防火墙用户的身份验证和防火墙管理员的身份验证。

（2）域名服务

防火墙可以为企业内部和外部的用户提供修改日志目录的服务功能。防火墙不会泄露内部网络中主机的IP地址。因此，对于来自因特网主机的请求，防火墙应将内部网络中的所有主机名与防火墙的IP地址区分开，对于来自内部网络中的主机的请求，防火墙应提供地址名称以区分因特网上的主机。

（3）邮件处理

电子邮件是一种用电子手段进行信息交互的通信方式，是将内部网络连接到因特网上的主要业务，并且是网络用户之间交换信息时广泛使用的手段。通常，使用简单邮件传输协议（Simple Mail Transfer Protocol，SMTP）来控制邮件的中转方式。这些邮件必须通过防火墙验证，人们在内部网上设置邮件网关，这些邮件通过邮件网关与防火墙连接，然后与因特网上的用户通信。

（4）IP 层的安全性

IP 层的安全性包括两个功能，身份验证和机密性。CA 保证接收到的数据组是由数据组报头中所标识出的作为数据组的源发送的。此外，CA 必须确保数据组在传输过程中未被篡改。机密性确保通信节点对传输的消息进行加密，以防止被第三方窃听。

（5）防火墙的 IP 安全性

防火墙可以为数据提供机密性和完整性等安全保证。协作网络可以包含两个或多个通过因特网相互连接的内部网。保证在这些网络之间传输的数据的机密性和完整性可以通过 IP 安全机制来实现。

4．防火墙的发展趋势

随着因特网的广泛使用和计算机技术的发展，防火墙技术也在不断发展。当前，包过滤技术、代理服务技术和其他一些技术的混合应用正在涌现，例如动态包过滤、内核透明代理、用户身份验证、智能日志、审计跟踪、加密技术以及其他新的防火墙。

（1）动态包过滤

传统的数据包过滤基于单个 IP 数据包的报头中的源 IP 地址、目标 IP 地址、源端口和目标端口号及协议类型，以确定是转发还是丢弃该数据包。目前，包过滤技术正在朝着更加灵活和多功能的方向发展，例如动态包过滤技术。根据状态变化以及网络内容服务（Internet Content Provider，ICP）连接和通信过程的上下内容，临时使用 Session 状态表来控制访问。例如，TIS 公司的状态过滤使用动态包过滤技术，这是一种数据包过滤防火墙。Cisco PIX 防火墙和 Check Point FireWall-1 也对数据使用动态包过滤技术，其过滤规则可以由路由器快速配置。

（2）内核的透明代理

目前越来越多的应用程序支持代理服务方法，并且网络操作系统采用最少的内核技术，该技术具有封闭的功能子系统，例如用于防护的 IP。内核技术增加了对 IPsec 和 IPv6 的支持，以提供加密的 IP 通信。所提供的服务提供的特权最少，并使所提供的服务独立，以提供防火墙安全性的基石。代理服务在内核级别实现，实现了协议透明性和应用透明性，采用包截取的方法获取数据包，授权验证完成后，决定转发还是丢弃数据包。整个过程对用户是透明的。

（3）强大的用户认证机制

传统防火墙缺乏用户身份认证机制，安全强度低。当前的防火墙已添加用户身份验证机制，以实现对远程访问用户的强身份验证，并提供分布式跨域身份验证功能。强大的身份验证系统是基于第三方［基于用户（组）、地址、服务类型、时间和其他要求］的身份验证服务，使用一次性密码机制而不存储密码。

（4）加密技术

在交换过程中，加密技术用于防止非法用户理解和伪造网络数据。所采用的加密机制有对称密钥加密机制和公共密钥加密机制。对称加密算法和解密算法共享密钥，其加密和解密是彼此相反的过程，典型的算法是数据加密标准（Data Encryption Standard，DES）、三重数据加密算法（Triple Data Encryption Algorithm，3DES）和 Kerberos。公钥加密机制的加密和解密算法使用它们自己的密钥，加密密钥是公用的，解密密钥是机密的，只有用户知道。典型的公钥加密算法包括 RSA、Diffie-Hellman 和 PGP（Pretty Good Privacy）。加密的强度取决于密钥的大小以及其对密码分析的抵抗力。

（5）内容和策略意识

如果代理服务具有内容和策略识别功能，则防火墙不仅可以了解传输内容类型和本地策略，还可以根据本地策略进行自适应代理。例如，在防火墙上执行病毒扫描和清除，过滤色情信息，过滤通过 FTP 下载的自解压缩文档以及检测隐藏在多媒体数据库中的非法命令。

（6）网络地址转换技术

使用网络地址转换技术可以隐藏内部局域网中的信息，为公共信息服务采用静态映射，为内部主机采用多对多或多对一地址映射。在防火墙与外部网络域名、账户之间建立映射关系，以保护内部网络中的信息。

（7）集成和互操作性

改进防火墙产品的集成，并采用分布式管理，以增强防火墙之间的互操作性。

4.2 防火墙的种类

防火墙的分类存在很多标准，除了将其分为软件防火墙和硬件防火墙之外，从技术角度出发，还可以将其分为包过滤防火墙、应用代理型防火墙和状态检测防火墙 3 种类型；从结构上进行分类，它分为单主机防火墙、路由集成式防火墙和分布式防火墙；根据工作位置，可以将其分为边界防火墙、个人防火墙和混合防火墙。根据防火墙的性能，则可以将其分为百兆级防火墙和千兆级防火墙。尽管防火墙的类型有很多种，但这与各个行业中的分类方法有很大联系。例如，由于其结构、数据吞吐量和工作位置不同，可以将硬件防火墙规划为"百兆级状态监视型边界防火墙"。这里主要介绍的是硬件防火墙、软件防火墙、包过滤防火墙、应用代理型防火墙及状态检测型防火墙。

4.2.1 硬件防火墙和软件防火墙

1. 硬件防火墙

为了修正软件防火墙的一些缺陷与不足，于是对其作出了相应调整。硬件防火墙采用软硬件结合的方式，不仅需要对硬件进行设计，还需要对软件进行专门设计，并且将软件防火墙嵌入硬件中。因为硬件防火墙使用独立的操作系统，所以增加了攻击者攻击系统安全漏洞的难度。由于对软硬件的特殊要求，硬件防火墙的实际带宽与理论值相差不大，从而大大提高了系统的安全性，并提高了系统吞吐量。在网络中安装硬件防火墙，既能够从源头上保证内网与外网连接的安全性，同时还能对各网段的内部网络安全起到强大保护作用。

"硬件"与组成系统的物理组件有关。硬件防火墙旨在保护我们的本地网络。它是可以被单独购买的产品，通常用于宽带路由器。硬件防火墙比软件防火墙具有更好的安全性能，但是价格更高。硬件防火墙不仅具有包过滤功能，而且还可以执行内容过滤（Content Filter，CF），入侵检测系统（Intrusion Detection System，IDS），入侵防御系统（Intrusion Prevention System，IPS）和 VPN 等功能。只要硬件防火墙引用芯片中的嵌入式防火墙程序，硬件就可以执行这些功能，可以减轻计算机或服务器上 CPU 的负担并使路由器更稳定。

硬件防火墙将软件防火墙嵌入硬件中，并将防火墙程序添加到芯片中。一般的软件安全厂商提供的硬件防火墙是在硬件服务器厂商处定制硬件，然后将 Linux 系统与自己的软件系统集成在一起。从功能上看，硬件防火墙具有内置的安全软件，使用专用或增强的操作系统，易于管理，易于更换，并且具有固定的软硬件组合。硬件防火墙消除了防火墙效率与性能之间的矛盾。

硬件防火墙通过组合硬件和软件的方式来达到隔离内部和外部网络的目的，而软件防火墙通过纯软件来达到隔离内部和外部网络的目的。首先，由于硬件防火墙是通过硬件实现的，因此效率更高。其次，因为它是专门为防火墙任务设计的，所以内核很有针对性。内置操作系统也不同于软件防火墙，即使用户仅使用防火墙，软件防火墙仍会加载许多不相关的模块。此外，软件防火墙的操作系统并未针对网络保护任务进行优化，其运行效率和性能远远低于硬件防火墙。当软件防火墙遇到密集的分布式拒绝服务（Distributed Denial of Service，DDoS）攻击时，它可以承受的攻击强度远低于硬件防火墙所能承受的。如果网络环境下的攻击频率不是很高，那么软件防火墙可以满足用户要求。如果攻击频率很高，仍然建议使用硬件防火墙。

2. 软件防火墙

软件防火墙也被称为个人防火墙，它是最常用的防火墙，通常作为应用程序在计算机系统上运行，是可定制的，允许用户控制其功能。软件防火墙仅使用软件系统来完成防火墙功能，在系统主机上部署软件防火墙的安全性低于硬件防火墙的安全性，并且还会消耗系统资源，从而在一定程度上影响系统性能。与硬件防火墙不同，软件防火墙只能保护安装了它的系统。

通常，软件防火墙是基于某个操作系统平台开发的，并且用户会直接在计算机上安装和配置该软件防火墙。由于客户端之间操作系统的多样性，软件防火墙需要支持多种操作系统，例如 UNIX、Linux、SCO-UNIX、Windows 等。

当内部网络连接到因特网时，系统的安全性不仅要考虑计算机病毒和系统的稳健性，还要防止非法用户的入侵，当前的预防措施主要是通过防火墙技术来完成的。

因特网上有许多个人防火墙软件，它可以使用与状态检测防火墙相同的方法直接在用户计算机上运行，以保护计算机免受攻击。通常，这些防火墙安装在计算机网络接口的较低级别上，以便它们可以监视进出网卡的所有网络通信。一旦安装了个人防火墙，用户就可以将其设置为"学习模式"，这样对于遇到的每一个新的网络通信，个人防火墙都将提示用户并询问如何处理该网络通信，然后，个人防火墙将记住该响应方法并将其应用于将来遇到的问题。

4.2.2　包过滤防火墙

包过滤技术基于 IP 地址来监视和过滤在网络上传入和传出的 IP 数据包，它仅允许与指定的 IP 地址进行通信，它的功能是在受信任的网络和不受信任的网络之间选择性地安排数据包的目的地。

1. 包过滤防火墙的概念

所谓包过滤，就是逐个检查流经网络防火墙的所有数据包，并依据预先制订的安全访问策略（过滤规则）来决定数据包是否通过。包过滤最主要的优点在于其速度与透明性，也正是由于此，包过滤技术历经发展演变而未被淘汰。包过滤防火墙是直接安装在路由器上的，当然，个人计算机上也可以安装包过滤防火墙软件。它工作在 OSI 参考模型中的网络层和传输层，因此也被称为网络层防火墙和应用层防火墙。它基于单个 IP 包实施网络控制，根据所收到的数据包的源地址、目标地址、传输控制协议（TCP）或用户数据报协议（UDP）等内装协议、TCP/UDP 的源端口号及目的端口号、包的出入接口、协议类型和数据包中的各种标志位等参数，与用户预定的访问控制表进行比较，判断数据是否符合预先制定的安全策略，以决定数据包的转发或丢弃，即实施信息过滤。实际上，它控制内部网络上的主机直接访问外部网络，而外部网络上的主机对内部网络的访问则受到限制。

2. 包过滤防火墙的工作原理

基于包过滤技术的防火墙产品会在网络中的适当位置过滤数据包，并检查数据流中每个数据包的源地址、目标地址、所有 TCP 端口号和 TCP 链接状态。然后根据一组预定义过滤规则，允许逻辑数据包通过防火墙进入内部网络，并删除不合法数据包。

在诸如因特网的分组交换网络上，往返的所有信息都被分成一定长度的数据包。数据包包含发送者的 IP 地址和接收者的 IP 地址。当这些数据包被发送到因特网时，路由器将读取接收者的 IP 地址并选择一条物理线路将其发送出去。数据包可以通过不同的路由到达目的地。包过滤防火墙将检查所有经过防火墙的数据包中的 IP 地址，并根据系统管理员给出的过滤规则对数据包进行过滤。如果防火墙将某个 IP 地址设置为危险地址，则该地址中的所有信息都将被防火墙阻止通过。

3. 包过滤防火墙的主要特点

包过滤防火墙是一种非常成熟且被广泛使用的防火墙，具有以下特点。

（1）过滤规则表需要预先人工设置，规则表中的条目顺序是根据用户的安全要求确定的。

（2）包过滤防火墙在进行检查时，首先从过滤规则表中的第一个条目开始逐条检查，因此过滤规则表中的条目顺序非常重要。

（3）由于包过滤防火墙工作在 OSI 参考模型的网络层和传输层，因此包过滤防火墙对数据包通过的速度影响很小，实现成本较低。

4. 包过滤防火墙的优缺点

包过滤防火墙的优点是逻辑简单、性能优越、计算量少、易于硬件实现与对网络性能影响很小。它的工作与应用层无关，不需要在客户端计算机上进行特殊配置，并且易于安装和使用。通过 NAT，可以对外部用户屏蔽内部 IP。

包过滤防火墙的缺点是安全性不足，无法识别应用层协议，难以发现基于应用层的攻击，无法防止地址欺骗，允许外部客户端直接与内部主机连接，不提供用户身份验证机制，处理数据包中信息的能力受到限制，并且其他功能通常不可用，由于支持许多网络，很难测试规则的有效性。

4.2.3 应用代理型防火墙

1. 应用代理型防火墙的概念

应用代理型防火墙工作在 OSI 参考模型的最高层，即应用层。应用代理型防火墙也可以被称为代理服务器，它的安全性高于包过滤型防火墙产品。其特点是完全"阻隔"了网络通信流，通过为每种应用服务开发专门的代理程序，起到监视和控制应用层通信流的作用。应用层网关在应用层上建立协议过滤和转发功能。它针对特定的网络应用服务协议使用指定的数据过滤逻辑，并在过滤时对数据包进行必要的分析、注册和统计，以形成报告。实际的应用层网关通常被安装在专用计算机工作站系统上。包过滤防火墙和应用代理型防火墙具有一个共同的功能，即它们仅依靠特定的逻辑来判定是否允许数据包通过。一旦满足逻辑要求，被防火墙分隔的内部和外部计算机系统将建立直接连接，防火墙外部的用户可以直接了解内部网络的结构和运行状态，这有利于外部用户实施非法访问和攻击。

2. 代理型防火墙的发展

在代理型防火墙技术的发展过程中，经历了两个不同的版本，第一代——应用代理型防火墙和第二代——自适应型代理防火墙。

（1）应用代理（Application Gateway）型防火墙

这种防火墙通过代理（Proxy）技术参与 TCP 连接的整个过程。在内部数据包经过此类防火墙处理之后，就好像它来自防火墙的外部网卡一样，从而隐藏了内部网络结构。网络安全专家和媒体将这种类型的防火墙视为最安全的防火墙之一。它的核心技术是代理服务器技术。应用代理型防火墙也叫应用网关型防火墙。

（2）自适应代理（Adaptive Proxy）型防火墙

自适应代理型防火墙是近年才被广泛使用的新型防火墙。它可以将代理型防火墙的安全性与包过滤防火墙结合起来，并且在不牺牲安全性的前提下将代理型防火墙的性能提升 10 倍以上。构成这种类型的防火墙有两个基本元素：自适应代理服务器和动态包过滤器。

在"自适应代理服务器"和"动态包过滤器"之间有一个控制通道。在配置防火墙时，用户仅需要通过相应的代理管理界面设置所需的服务类型、安全级别和其他信息。然后，自适应代理服务器可以根据用户的配置信息决定是使用代理服务代理来自应用层的请求还是转发来自网络层的数据包。如果是后者，它将动态通知包过滤器增加或减少过滤规则，以满足用户对速度和安全性的双重要求。

3. 应用代理型防火墙的优缺点

应用代理型防火墙的最大优势是安全性。因为它在 OSI 参考模型的最高层工作，所以它可以过滤和保护网络中任何数据通信层，而不是像包过滤一样只能在网络层过滤数据。

另外，应用代理型防火墙采用代理机制，可以为每一种应用服务建立特殊的代理服务。因此，内部和外部网络之间的通信不是直接进行的，但必须首先经过代理服务器的审核，根本不给内部和外部网络计算机任何直接的对话机会，从而避免了入侵者使用数据驱动类型的攻击来入侵内部网络。

应用代理型防火墙的最大缺点是速度较慢。当用户对内部和外部网络网关的吞吐量有很高的要求时，代理型防火墙将成为内部和外部网络之间的瓶颈。由于防火墙需要为不同的网络服务建立特殊的代理服务，因此其自己的代理程序需要花费一些时间才能为内部和外部网络用户建立连接，这对系统性能带来了一些负面影响，但并不明显。

4.2.4 状态检测防火墙

1. 状态检测防火墙的概念

状态检测技术是防火墙系统中的一项重要技术，主要对 TCP 数据包和 UDP 数据包进行状态检测。TCP 连接是指在具有相同状态属性的两个数据包之间进行信息传输。可以通过数据包的连接状态信息来判断是否成功建立 TCP 连接。如果数据包未成功建立 TCP 连接，则首先需要状态检测防火墙进行规则检查。符合检测标准的数据包将在其状态表中增加一条记录。对于成功建立 TCP 连接的数据包，无须执行规则检测，而只需执行状态检测。防火墙将释放属于现有连接的后续数据包，不属于现有连接的数据包被直接丢弃。

不仅如此，新建立的状态节点还应该设置时间溢出值。时间溢出值是指数据包的 TCP 连接时间。在设置的时间范围内，如果连接成功，则数据包状态表中的连接状态显示为 "1"，如果连接失败，则显示为 "0"。如果状态表中的节点数处于阈值的下限，则超过时间溢出值的所有数据包的 TCP 连接将被中断。防火墙系统收到返回确认的连接数据包后，需要再次检查规则。与规则表中的规则相比对，可以接收符合标准的数据包，直接丢弃不符合标准的数据包。无须烦琐地检测接收到的数据包，只需将其与状态表中的状态节点信息进行比较，并通过源地址、目的地等属性来判断两者是否属于同一连接并属于同一连接点地址和端口型号，留下属于同一连接的数据分组，并且丢弃不属于同一连接的数据分组。

UDP 报文是指没有状态信息的数据报文，因此状态检测技术无法直接检测到 UDP 报文，但是 UDP 报文可以建立人为的状态信息，从而实现有效检测 UDP 报文状态。首先，取出 UDP 数据包的相关信息，并附加状态节点、连接状态和其他信息，通过人为建立的状态信息生成"虚拟连接"，然后通过设置时间溢出值和数据包序列号来检测 UDP 数据包。UDP 数据包的状态属性信息主要分为状态节点数、源地址、目的地址、源端口、目的端口和连接状态位。

状态检测实际上是网络应用程序的参数标准。状态检测防火墙不仅可以提供高精度的流量检测，还可以为网络提供高级别的安全使用环境。用户体验水平也较高，状态检测防火墙具有良好的可扩展性，并且适用于任何类型的协议和网络，其使用速度是原始结构无法比拟的，我们也将其称为动态分组过滤技术（动态包过滤技术）。

2. 状态检测防火墙的工作原理

状态检测防火墙基于动态包过滤技术，也被称为动态包过滤防火墙。它使用在网关上执行网络安全策略的软件引擎，即检测模块。检测模块在网络层和链路层之间工作，实时检测和分析网络通信的每一层，提取部分相关的通信和状态信息，并在连接状态表中动态存储和更新状态，用于下一次通信的数据检查。

状态检测技术是包过滤技术的扩展，它使用各种状态表来跟踪活跃的 TCP 会话。由用户定义的访问控制列表（Access Control Lists，ACL）来决定允许建立哪些会话，并且只有与活跃会话关联的数据才能通过防火墙。状态检测防火墙的工作原理如图 4-8 所示，状态检测防火墙是包过滤技术和代理服务技术的折中。它的速度和灵活性不如包过滤技术好，但比代理服务技术要好。它的应用级安全性不如代理服务技术强，但比包过滤技术强。

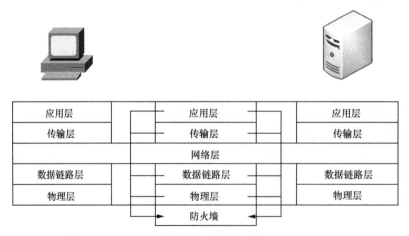

图 4-8　状态检测防火墙工作原理

3. 状态检测防火墙的主要特点

状态检测（Stateful Inspection）技术继承了包过滤技术的原始特性，具有良好的检测性能，在原有应用的前提下大大提高了安全系数。状态检测防火墙摒弃了过去简单包过滤防火墙仅过滤进出网络的数据包并且不注意数据包连接状态的缺陷。它在防火墙的核心部分建立状态连接表，并处理网络操作中的所有数据。状态检测防火墙的优点在于，如果用户访问不安全的链接，它将直接生成拒绝访问的接口并进行相应的日志记录。可以看出，这种类型的防火墙具有很好的性能，但是不能提高网络的运行速度，完成配置也不容易。

实际上，状态检测防火墙的功能是使网络层和传输层的行为标准化，而应用代理型防火墙的功能是使应用协议在特定范围内标准化。

4．状态检测防火墙的优缺点

状态检测防火墙采用了状态检测包过滤的技术，在传统包过滤技术的功能上进行了扩展。状态检测防火墙可以在网络层中设置检查引擎去截获数据包并抽取出与应用层状态有关的信息，并将此作为依据决定对该连接是接受还是拒绝。

（1）状态检测防火墙的优点

通过防火墙的所有数据包都在协议栈的较低层上进行处理，协议栈的上层不会处理任何数据包，而与此同时，状态检测防火墙是工作在协议栈的较低层的产品，这样有效地减少了高层协议头的开销，执行效率得到了较大的提升。除此之外，状态检测防火墙中的某个连接一旦成功建立，就不用再对这个连接做更多处理，系统可以去处理其他的连接，同样提高了执行效率。

状态检测防火墙与应用代理型防火墙不同，应用代理型防火墙实行的是一应用对应一服务的结构，这样提供的服务是有限的，每当增加新的服务时，必须为新的服务开发相应的服务程序，系统的可扩展性较低。但是，状态检测防火墙并不区分每个具体的应用程序，根据从数据包中提取出来的信息、安全策略及过滤规则来处理数据包，当有一个新的应用产生时，会动态地产生新应用的规则，而不需要编写新的代码，提供新的服务，所以具有较好的伸缩性和扩展性。

状态检测防火墙不仅支持基于 TCP 的应用，同样为无连接协议的应用也提供了很好的支持，例如远程过程调用（Remote Procedure Call，RPC）、基于 UDP 的应用（DNS、WAIS、Archie 等）等。对于无连接协议，连接的请求和应答没有任何区别，包过滤防火墙和应用代理型防火墙对此类型应用不支持或者选择开放一个大范围的 UDP 端口，这样暴露了内部网，降低了安全性。

（2）状态检测防火墙的缺点

状态检测防火墙配置操作较复杂，需要操作人员拥有较强的专业知识以及实践动手能力。

4.3 防火墙体系结构

防火墙的主要目的是保护网络，防止其他网络的影响。对目标网络的攻击不仅来自不受信任的外部网络，目标网络的内部也可能成为攻击的来源。因此，有必要防止各种网络攻击，包括未经授权的用户访问内部网络的敏感数据，同时允许合法用户不受阻碍地访问网络资源，以保护本地网络的安全。

一般而言，防火墙位于内部受信任网络和外部不受信任网络之间，作为检测和丢弃应用层网络流量的阻止点。如图 4-9 所示，它也可以在网络层和传输层上运行。在此，根据已编程的数据包过滤规则，将检查已接收和已发送数据包的 IP 和 TCP 包头，以确定要丢弃的某些数据包。同时，防火墙是用于实施网络安全策略的主要工具。在许多情况下，需要通过使用身份验证、安全性和机密性增强技术来增强网络安全性或实施网络安全策略的其他方面。

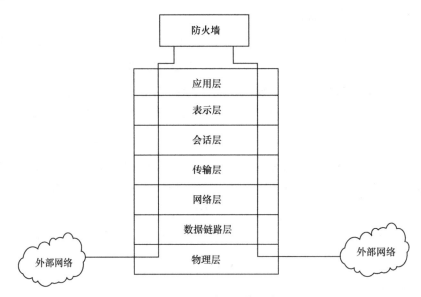

图 4-9 防火墙的操作示意

目前常见的防火墙体系结构有下列 3 种。

（1）屏蔽主机防火墙

（2）屏蔽子网防火墙

（3）双重防火墙

4.3.1 屏蔽主机防火墙

屏蔽主机体系结构的主要思想是路由器和堡垒主机的联合使用。在此体系结构中，路由器主要是为了防止外部访问直接绕过代理服务器以连接到内部网络，并过滤输入内部网络的数据包以提供安全性。屏蔽主机体系结构的关键是堡垒主机，它仅连接到内部网络，而外部网络只能通过堡垒主机连接到内部网络，从而确保内部网络的独立性和安全性。其安全级别必须足够高，否则无法确保内部网络的安全。

屏蔽主机防火墙专门设置了一个屏蔽路由器，将所有外部到内部的连接都路由到了堡垒主机，强制所有外部主机连接到堡垒主机，而不是直接将它们连接到内部主机。在屏蔽主机体系结构中，有两道屏障，一个是屏蔽路由器，另一个是堡垒主机。屏蔽主机架构如图 4-10 所示。

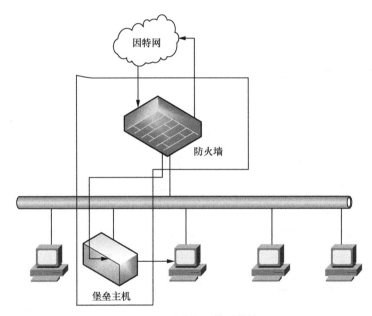

图 4-10　屏蔽主机体系结构

屏蔽路由器位于网络的最边缘，负责连接到外部网络并参与外部网络的路由。屏蔽路由器不提供任何其他服务，而仅提供路由和数据包过滤功能。因此，屏蔽路由器本身相对安全，受到攻击的可能性较小。由于屏蔽路由器的存在，堡垒主机不再是直接与外部网络互连的双重宿主主机，从而提高了系统的安全性。

堡垒主机存放在内部网络中，并且是内部网络中唯一可以连接到外部网络的主机。它也是外部用户必须经过以访问内部网络资源的主机设备。在经典的屏蔽主机体系结构中，堡垒主机还通过数据包过滤来实现对内部网络的保护，堡垒主机仅允许通过特定服务的连接。堡垒主机也可以不提供包过滤功能，但提供代理功能。内部用户只能通过应用层代理访问外部网络，并且堡垒主机成为外部用户唯一可以访问的内部主机。

设计和构建堡垒主机有两个基本原则，最简化原则和预防原则。

（1）最简化原则。堡垒主机越简单，对其进行保护就越容易。堡垒主机提供的任何网络服务都可能存在软件缺陷或软件配置错误，导致堡垒主机的安全保障出现问题。构建堡垒主机时，应尽可能使它提供较少的网络服务。因此，在基本满足用户要求的条件下，人们在堡垒主机上配置的网络服务数量必须最少，同时，对必须设置的服务给予最低的权限。

（2）预防原则。尽管堡垒主机已受到严格保护，但入侵者仍可能将其破坏。人们只有做好充足的准备并制定对策，我们在面对最坏的情况时才能做到有备无患。在保护网络的其他部分时，我们还应考虑"如果堡垒主机遭到破坏，该怎么办？"。强调这一点的原因非常简单，因为堡垒主机是外部网络最直接访问的计算机。由于外部网络与内部网络之间没有直接连接，因此堡垒主机是第一批受到破坏者破坏内部系统而被攻击的计算机。我们必须尽力保障堡垒主机不被破坏，但与此同时，我们必须始终提防"如果它遭到破坏该怎么办？"。

4.3.2　屏蔽子网防火墙

屏蔽子网，此方法是在内部网络和外部网络之间建立一个被隔离的子网，并使用两个分组（包）过滤路由器将此子网与内部网络和外部网络隔离开，包过滤路由器又被称为屏蔽路由器。在许多实施方式中，将两个分组（包）过滤路由器放置在子网的两端，从而在子网内形成非军事化区（Demilitarized Zone，DMZ）。一些屏蔽子网还设置有堡垒主机作为唯一可访问点，支持终端交互或作为应用网关代理。

用 DMZ 来隔离堡垒主机与内部网，可以减轻入侵者攻破堡垒主机之后带给内部网的压力。即使入侵者攻破了堡垒主机，也不可能对内部网执行全部操作，只能进行部分操作。

屏蔽子网防火墙的结构如图 4-11 所示。两个分组过滤路由器和一个堡垒主机用于在内部网络和外部网络之间建立隔离的子网，通常被称为 DMZ 区域。可以将各种公用服务器（例如 Web 服务器，FTP 服务器等）放置在 DMZ 区域中，从而解决了服务器位于内部网中而带来的不安全问题。

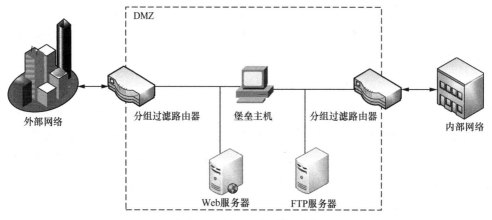

图 4-11　屏蔽子网防火墙结构

由于使用两个路由器进行双重保护，外部攻击数据很难进入内网。外网用户无须进入内网即可通过 DMZ 区域中的服务器访问公司的网站。在这种配置中，即使堡垒主机被入侵者控制，内网仍受内部分组过滤路由器的保护，避免了"单点故障"问题。

某些站点也可以通过多层边界网络进行保护，外边界网络提供低可靠性保护，内边界网络提供高可靠性保护。在这种结构下，入侵者一旦突破外边界网络，仍然需要破坏更精细的内边界网络才能到达内部网络。下面讨论此结构的各个组件。

边界网络（周边网络），也被称为"停火区"或"非军事区"，如果入侵者成功地闯过外层保护网到达防火墙，边界网络就能在入侵者与内部网之间再提供一层保护。

在许多诸如以太网（Ethernet）、令牌网、光纤分布式数据接口（Fiber Distributed Data Interface，FDDI）等网络结构中，网络上的任意一台机器都可以观察到其他机器的信息出入情况，监听者能通过监听用户使用的 Telnet、FTP 等操作成功地窃取口令。即使口令不被泄露，监听者仍能得到用户操作过放入敏感文件中的内容，如果入侵者仅仅侵入边界网络的堡垒主机，他只能看到这层网络的信息流，却看不到内部网络的信息，而这层网络的信息流仅往来于边界网络和外部网络，或者往来于边界网络和堡垒主机。因为没有内部主机间互传的重要和敏感的信息在边界网络中流动，所以即使堡垒主机受到损害也不会让入侵者破坏内部网络的信息流。

显而易见，在堡垒主机和外部网络之间的信息流还是对外可见的，因此在设计防火墙时要确保上述信息流的暴露不会影响整个内部网络的安全。

4.3.3　双重防火墙

双重防火墙也被称为双重宿主主机防火墙。具有双重宿主的主机是一台至少配备两个网络接口的主机。它可以充当与这些接口相连的网络之间的路由器，并且可以将 IP 数据包从一个网络发送到另一个网络。但是，双重宿主主机的防火墙体系结构禁止路由功能。因此，IP 数据包不会直接从一个网络（例如外部网络）被发送到另一网络（例如内部网络）。外部网络可以与双重宿主主机通信，内部网络也可以与双重宿主主机通信。但是，外部网络和内部网络无法直接通信，并且它们之间的通信必须由双重宿主主机过滤和控制。双重宿主主机防火墙的结构如图 4-12 所示。

双重宿主主机结构采用主机替代路由器执行安全控制功能，故类似于包过滤防火墙。双重宿主主机可以用来在内部网络和外部网络之间进行寻径。如果在一台双重宿主主机中寻径功能被禁止了，则这个主机可以隔离与它相连的内部网络和外部网络之间的通信，而与它相连的内部和外部网络都可以运行由它所提供的网络应用，如果这个应用允许的话，内部网络和外部网络之间就可以共享数据。这样就保证了内部网络和外部网络的某些节点之间可以通过双重宿主主机共享数据传递信息，但内部网络与外部网络之间却不能直接传递信息,从而达到保护内部网络的作用。它是外部网络用户进入内部网络的唯一通道,因此双重宿主主机的安全至关重要,它的用户口令控制安全是一个关键。

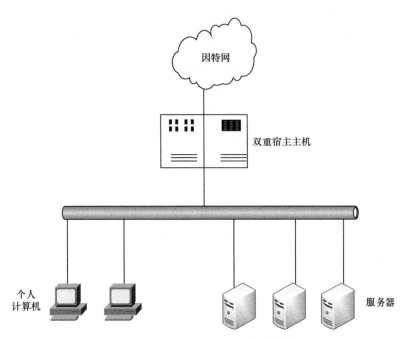

图 4-12 双重宿主主机防火墙的结构

双重宿主主机使用两种方式来提供服务,一种是用户直接登录到双重宿主主机上,另一种是在双重宿主主机上运行代理服务器。

第一种方式需要用户在双重宿主主机上开多个账号,这会带来一系列隐患。

(1)用户账号的存在给入侵者提供了相对容易的入侵内部网络的通道,每一个账号通常会有一个可重复使用的密码,很容易被入侵者破解。

(2)由于用户的行为是不可预知的,这会给入侵检测带来很大的麻烦。

第二种方式的问题相对要少,并且有些服务(如 HTTP、SMTP)本身的特点就是"存储转发"型的,很适合进行代理。在双重宿主主机上可以运行多种代理服务程序,当内网要访问外网时,必须先通过服务器认证,然后才可以通过代理服务程序访问外网。

4.4　防火墙的选购与安装

在当今的企业网络环境中,防火墙管理是一项复杂且容易出错的任务。网络管理员不仅需要依靠自己的经验和知识来配置防火墙,还必须使用有效的工具和技术,在系统的方法指导下完成防火墙的管理工作。

4.4.1　防火墙的选购

随着因特网应用程序的普及和快速发展，网络安全已成为人们最担心的一个问题。病毒和黑客作为网络安全的主要隐患，一直威胁着因特网应用程序、计算机系统的安全。网络防火墙作为防止黑客入侵的主要手段，已成为网络安全建设的必要设备。如今，不仅要满足公司的网络安全防护需求，对于个人用户而言，使用防火墙也已成为一种必要的保护网络安全的手段，目前绝大多数个人用户仍在使用基于软件的个人防火墙产品。本节将介绍购买防火墙设备时需要考虑的几个方面与需要注意的事项。

目前，市场上存在诸多种类的网络防火墙设备，各种不同档次的产品令人眼花缭乱，用户不知该如何做出选择。可从以下几个方面考虑防火墙产品的性能及安全性。

1．安全问题

安全产品通常不再依赖于用户的操作系统，而是使用他们自己独立开发的操作系统。操作系统本身被要求不能存在任何安全隐患，当然，这只能由品牌来保证。此外，防火墙在安全策略方面应具有相当大的灵活性。首先，防火墙的过滤语言应该是灵活的，并且编程是对用户友好的。它还应具有几种可能的过滤属性，例如源和目标 IP 地址、协议类型、源和目标 TCP/UDP 端口以及输入、输出接口。只有这样，用户才能根据实际需要采取灵活的安全策略来保护企业网络的安全。另外，防火墙应采用尽可能多的高级技术，例如包过滤技术、加密技术和可信的信息技术。包含身份识别和验证、信息机密保护、信息的完整性校验、系统访问控制机制和授权管理等技术，这些都是防火墙安全系统的必要考虑因素。

2．性能指标

防火墙通过过滤传入的数据来识别其是否符合安全策略，所以当流量较高时，要求防火墙应在较短的时间内检测所有数据包，否则可能会导致一定的时延，甚至导致计算机崩溃。该指标非常重要，有时，当我们打开防火墙，因特网响应非常慢，一旦将其关闭，速度就会提高，原因是防火墙过滤数据不够快。如果防火墙对原始网络带宽影响太大，无疑会浪费大量原始投资。

目前，防火墙已经基本实现了从软件到硬件的转换，并且算法得到了很大的优化。部分防火墙的性能对原始网络性能的影响变小了。用户要判断不同防火墙的性能好坏，主要可以查看权威评估机构或媒体的性能测试结果。根据国际标准 RFC2544 衡量这些结果，包括网络吞吐量、丢包率、时延及连接数等，其中吞吐量是最重要的衡量指标。

3．高可靠性

防火墙就像是单位用户访问因特网的一扇门，所以如果门坏了，用户访问因特网就会出现问题。这很可能给用户造成巨大损失，这就要求防火墙产品本身具有高可靠性。通常是在设计中采取措施来提高防火墙的可靠性，具体措施是提高组件的稳健性、增大设计阈值和增加冗余组件。

4. 功能多态性

防火墙技术日新月异，功能多样，用户难以选择。在包过滤技术方面，目前所有制造商都使用基于状态的检测包过滤功能，其他一些附加功能则可以根据企业实际需要确定是否需要。例如，对于没有固定主机的单位，可能需要身份验证功能；对于网络资源相对紧张的单位，可能需要带宽管理功能来合理控制资源分配；对于有总部和分支机构的企业，可能有必要选择支持 VPN 通信功能的防火墙产品。

对于经常有公司内部用户需要移动办公的公司，防火墙最好能为 VPN 通信或身份验证功能提供支持。这有两个优点：首先，它可以大大节省通信成本；另一方面，用户在出差时也可以登录公司自己的服务器。在没有其他加密方法或加密成本较高时，此身份验证方法将更实用。

5. 配置方便

防火墙是高科技产品，所以普通技术人员不可能掌握其所有详细的配置原理，这要求防火墙产品应该尽可能简单和方便用户进行配置。但是，高质量的防火墙系统具有强大的功能，其配置和安装也更加复杂，需要网络管理员对原始网络配置进行较大更改。目前，存在一种防火墙设备支持透明通信功能，在安装过程中无须更改网络配置，这非常适合小型企业。但是值得注意的是，市场上并非所有的防火墙都采用这种通信方法，一些防火墙只能在透明模式或网关模式下工作，而其他一些防火墙则可以在混合模式下工作，能以混合模式工作的防火墙显然更加方便。

6. 管理便捷

网络技术的飞速发展和各种安全事件的不断涌现要求网络管理员必须不断调整安全策略。防火墙的管理不仅涉及控制策略的调整，还涉及业务系统访问控制的调整。防火墙的管理涉及 3 个方面：管理方法、管理工具和管理权限。通常，管理员通过远程 Telnet 登录管理和管理命令的联机帮助来管理防火墙。在选择防火墙时，用户还应该查看防火墙是否支持串行终端管理，如果防火墙没有终端管理方法，则发生故障时，很难排查是由何种原因引起的，优秀的防火墙产品应从用户的实际需求出发进行设计。对于家庭用户，防火墙最好具有中文界面，该界面不仅支持命令行管理，而且还支持图形用户界面（Graphical User Interface，GUI）和集中式管理。在可管理性方面，防火墙日志对于网络管理员而言同样至关重要，防火墙日志应有可读性，防火墙应具有简化日志的功能，以帮助管理员快速从日志中检索出有用的信息。

7. 可扩展和可升级性

用户的网络不可能永远保持一成不变，随着业务的发展，企业内部可能会设置具有不同安全级别的子网，因此防火墙不仅需要完成在公司内部网络和外部网络之间进行过滤的功能，而且还应该在公司内部子网之间进行过滤。当前，防火墙通常配备 3 个标准的网络接口，分别连接到外部网络、内部网络和 SSN。同时在购买或配置防火墙时，用户必须首先分析自己的安全要求，网络特性和成本预算，用户必须弄清楚防火墙是否可以添加网络接口，因为某些防火墙无法扩展，然后评估和审核不同的防火墙产品，选择 2~4 种主要品牌产品进行比较，最后确定最佳方案。

通常，小型企业访问因特网的目的是方便内部用户浏览 Web、发送和接收电子邮件以及发布主页。在购买防火墙产品时，此类用户应注意保护内部（敏感）数据的安全性，如果对服务协议的多样性和速度没有特殊要求，建议此类用户选择具有代理功能（如 HTTP 和 Mail）的常规代理型防火墙。

对于拥有电子商务应用的企业和网站，每天都有大量的业务信息通过防火墙，如果这些用户需要在外部网络上发布 Web（将 Web 服务器放置在外部），并且同时需要保护数据库或应用服务器（置于防火墙内），就需要能传输结构化查询语句（Structured Query Language，SQL）数据的防火墙，并且必须具有更快的传输速度，建议此类用户采用高效的包过滤防火墙，并将其配置为仅允许外部 Web 服务器和内部传送 SQL 数据使用。

未来，防火墙系统应该是一个可扩展的模块化解决方案，包括最基本的包过滤器和具有加密功能的包过滤器，再到独立的应用网关，以便用户构建所需的防火墙系统。

8. 良好的协同工作能力

防火墙只是基本的网络安全设备之一，所以它并不代表整个网络的安全保护系统。通常，它需要与其他安全产品（例如防病毒系统和入侵检测系统）合作，从根本上确保整个系统的安全性。用户在购买防火墙时，请考虑防火墙是否可以与其他安全产品一起使用。如何检查它是否具有此功能，通常是通过此接口和入侵检测系统共同工作，以及通过内容指导协议和防病毒系统共同工作来查看其是否支持开放安全体系结构（Open Platform for Security，OPSEC）标准。

实际上，很难找到完全满足上述要求的防火墙产品，如何评估防火墙是一个非常复杂的问题。一般来说，防火墙的安全性和性能（速度等）是最重要的衡量指标，其次是用户界面（管理和配置界面）和审计追踪，最后应该考虑的是功能的扩属性。用户经常面临防火墙安全性和性能之间的选择矛盾问题，代理防火墙通常更安全，但是其性能比包过滤防火墙差。如果用作因特网防火墙，则即使与 T1（1.544Mbit/s）或 E1（2.048Mbit/s）数字线路连接，该防火墙也不会成为瓶颈。

所有用户都想购买高质量和低价格兼具的防火墙产品，即具有高性能和高性价比的产品。在购买或配置防火墙的成本方面，量化所有建议的解决方案非常重要。用户使用一些防火墙产品可以不花钱，也可以花很少的钱（例如个人防火墙），而另一些则需要花费数万人民币甚至更多。具体而言，用户除了考虑防火墙的销售价格外，还必须考虑其管理成本、维护成本和消耗性材料成本。对于经济实力雄厚的公司或大型企业组织，通常将满足自身需求放在首位，将经济支出放在第二位，并且还要考虑产品升级的成本。对于普通机构和学校，由于经济条件的约束，更注重产品价格，他们只希望花费较少的金钱以满足当前购买产品的紧急需求，而很少考虑开发和扩展产品。在未来的网络系统中，理想的防火墙产品需要满足我们对实用性、安全性、经济性的需求。

4.4.2　防火墙的安装与配置

不同类型的防火墙在不同的计算机网络中所起的作用不同。将某类防火墙，安装在同类计算机网络系统的不同位置，结果也是不同的。

1. 安装防火墙之前的准备工作

对于不同类型的防火墙，安装的简易性会有所不同。为了完成企业级防火墙的安装，网络管理员必须制定详细的计划并周密安排。对于专家而言，可能会花费更少的时间和精力，但是对于新手来说，可能需要准备很长时间才能了解安装防火墙的硬件要求和操作系统要求。例如，安装防火墙需要具有网卡的计算机（以下称为服务器），每个客户端必须配备一个网卡，并且每个客户端都必须通过网络电缆连接到集线器，然后再使用集线器连接到服务器。同时，其所在的服务器应能够连接到因特网，并且可以被 LAN 中的计算机访问。连接到因特网的方式可以是拨号连接，也可以是数字数据网（ Digital Data Network，DDN ）专线接入、非对称数字用户线路（ Asymmetric Digital Subscriber Line，ADSL ）接入、宽带以太网等。如果是拨号访问，则服务器仅需要安装一张网卡，即配备虚拟 IP 地址；如果是专用线路访问，则服务器必须安装两个网卡，一块配置因特网服务提供商提供的合法因特网的 IP 地址（也由内部 LAN 的代理网关使用），另一块配置局域网内的虚拟 IP 地址。通常，保留的 IP 地址可以用作内部 LAN 的 IP 地址。同时，为了保护 LAN 内容的安全性，建议不要在 LAN 内部为客户端配置真实 IP 地址，同时可以节省 IP 开销。

2. 防火墙的安装方法

安装防火墙最简单的方法是将可编程路由器作为包过滤器，此方法是当前最常使用的网络互联安全结构。路由器根据源/目标地址或数据包头中的信息有选择地通过或阻止数据包。

安装防火墙的另一种方法是在双端口主机系统中安装防火墙以连接到内部网络。内部和外部网络都可以访问此主机，但是外部网络不能与内部网络上的主机直接进行通信。

另一种方法是将防火墙安装在等效于双端口主机的公共子网中，使用应用和线路入口以及包过滤来安装防火墙也是常用方法之一。所谓应用和线路入口，是指根据地址将所有数据包都发送到入口上的用户级应用程序，并且入口在两点（主机上的双端口）之间传输这些数据包。对于大多数应用程序入口，需要一种附加的包过滤机制来控制和过滤入口与网络之间的信息流。典型的配置包括两个路由器，其中一个充当主要设防站，并充当两者之间的应用入口，应用入口对于用户、应用程序和正在运行的入口主站来说是不透明的。对于用户，必须为他们使用的每个应用程序安装一个特定的客户端应用程序，并且每个带有入口的应用程序都是一个独立的专用软件，需要使用自己的管理工具和许可证。

3. 防火墙的配置

防火墙大大增强了内部网和网站的安全性，有多种方法可以根据不同的用户需求在网络中配置防火墙。根据防火墙和 Web 服务器的位置，它可以分为：Web 服务器置于防火墙内部，Web 服务器置于防火墙外部，Web 服务器置于防火墙上。

（1）Web 服务器置于防火墙内部

如图 4-13 所示，将 Web 服务器放在防火墙的内部可以起到阻隔外部不安全信息的作用，不容易被黑客入侵系统。

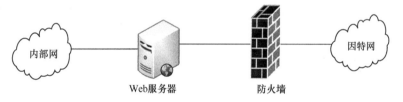

图 4-13　Web 服务器置于防火墙之内

但是，此配置使 Web 服务器很难被外界使用。当 Web 站点主要用于提升企业形象时，显然这不是一个很好的配置，此时网站服务器应放置在防火墙外部。

（2）Web 服务器置于防火墙外部

如图 4-14 所示，为了确保内部网络的安全性，将 Web 服务器完全放置在防火墙外部更为合适。在此模型中，Web 服务器不受保护，但内部网受保护。

图 4-14　Web 服务器置于防火墙之外

某些防火墙结构不允许在防火墙外部设置 Web 服务器，因此在这种情况下必须打通防火墙，操作方式如下。

① 允许防火墙将请求传递到端口 80，并且访问请求可以限制为 Web 站点或从 Web 站点返回（假定正在使用"屏蔽主机"类型的防火墙）。

② 代理服务器可以被安装在计算机防火墙上，但是它需要"双宿主主机网关"类型的防火墙。来自 Web 服务器的所有访问请求在被代理服务器拦截后都被传输到服务器。对访问请求的回答将会被直接返回给请求者。

（3）Web 服务器置于防火墙之上

如图 4-15 所示，有些用户试图在防火墙机器上运行 Web 服务器，以此增强 Web 站点的安全性。

图 4-15　Web 服务器置于防火墙之上

这种配置的缺点是一旦服务器出现问题，整个组织和网站都将受到威胁。

4.5　防火墙产品

防火墙自诞生以来，已经经历了 4 个发展阶段：基于路由器的防火墙、用户化的防火墙工具套、建立在通用操作系统上的防火墙以及具有安全操作系统的防火墙。下面我们重点介绍 5 种防火墙产品。

1. ZoneAlarm(ZA)

这是 ZoneLabs 公司推出的防火墙和安全保护软件套装。除防火墙功能外，它还包括一些个人隐私保护工具和广告弹出阻止工具。与以前的版本相比，新产品可以支持专家级的规则制定，使高级用户可以完全控制网络访问权限，并且还具有邮件监视器，该监视器可以监视可能通过电子邮件传播的所有的病毒，此外，它还可以报告网络入侵者的行为。ZoneAlarm Pro 15.6 还保留了以前版本中易于使用的功能，即使是新手也可以轻松掌握。

2. 傲盾（KFW）

KFW 傲盾防火墙是具有完整知识版权的防火墙。它使用最先进的第三代防火墙技术——数据流指纹检测技术，与 Check Point 和 Cisco 推出的企业防火墙相同，可以检测出网络协议中所有层的状态，有效地防止了 DoS 和 DDoS 等各种攻击，并保护服务器免受因特网上的黑客和入侵者的攻击和破坏。通过最先进的企业级防火墙技术，提供了功能强大、功能齐全且价格低廉的各种企业级功能，是当前世界上性价比较高的网络防火墙产品。

3. 卡巴斯基防火墙（Kaspersky Anti-Hacker，KAH）

Kaspersky Anti-Hacker 是 Kaspersky 公司推出的网络安全防火墙，它与著名的反病毒软件 Kaspersky Anti-Virus 出自同一家公司，可以保护计算机免受黑客攻击和入侵，并全方位保护数据安全。所有网络数据访问操作都会给予用户相应的操作提示，由用户本人决定是否允许访问操作，它可以抵御来自内部网络或因特网的黑客攻击。

4. BlackICE

BlackICE 软件在 1999 年获得了 *PC Magazine* 的"技术卓越奖"，对于没有防火墙的家庭用户来说，BlackICE 是必不可少的产品；对于企业级网络，它还增加了另一种 Layer Protection 措施，使得 BlackICE 集成了更为强大的检测和分析引擎，可以识别 200 多种入侵技术，提供了更为全面的网络检测和系统保护，还可以即时监视网络端口和协议，从而防止入侵者通过防火墙。它还可以检测那些试图入侵的黑客的 NetBIOS（WINS）名称，将 DNS 名称或目前所使用的 IP 地址记录下来，以便采取进一步的措施。

5. Check Point FireWall-1

Check Point 公司推出的 FireWall-1 防火墙支持两个平台，一个是 UNIX 平台，另一个是 Windows NT 平台。FireWall-1 防火墙具有一个非常特殊的结构，被称为多级状态监视结构，这种结构使 FireWall-1 可以快速支持复杂的网络应用软件，同样由于此功能，Check Point 在防火墙产品制造商中一直处于领先地位。除此之外，Check Point 还提供了一组 APL 供开发人员使用，以便开发更多辅助工具。

FireWall-1 提供了极佳的访问控制、综合性能以及简单的管理功能。除 NAT 外，它还具有用户身份验证功能。FireWall-1 可以防止有害 SMTP 命令（例如调试）的执行。FireWall-1 的用户界面是网络控制中心，定义和实施复杂的安全规则非常容易，每个计划还具有一个用于文档记录的字段，例如为何制定此规则、何时制定此规则以及制定者是谁。

下面将对多个防火墙产品的性能进行比较，详细信息如表 4-2 所示。

表 4-2　防火墙产品性能比较表

公司	产品	价格	平台	功能
Microsoft	Proxy Server 2.0	$995	Windows NT 4.0	使用"一种策略，多种应用程序"的方法集成在所有 Windows NT 网络中。具有高级的 HTTP 代理功能
Check Point Software	FireWall-l 3.0	$2995~18990	1BM AIX，Solaris，SunOS，Windows NT	易于配置和易于使用，支持平台多，功能面广，所占市场份额最大，能提供很好的用户文档和用户界面
Cisco System	PIX Firewall 4.1	$9000	专用硬件	安装模式简单，界面易于配置。登录功能简单，界面不够简洁。代理功能受到限制，安全模式非常不灵活
Ukiah Software	NetRond Firewall	高于$995	Windows NT	安装快速，易于配置和使用，成本很低。但是文档说明较差，配置规则也不灵活
TIS	Gauntlet Internet Firewall		Windows NT	对于应用程序服务，它可以为 Telnet.FTP、SMTP、Windows Gauntlet 和其他应用程序提供代理服务，以及系统完整性自检、文件记录和报告、访问控制、用户确认、数据加密和其他功能

　　优秀的安全产品可以为网络安全问题提供一套好的解决方案，并为用户提供方便管理、分布式的和安全的计算环境。但是，传统防火墙仍然存在以下缺点：①设备成本高；②管理负担重；③防火墙中有盲点；④使网络性能降低；⑤站点到站点需要虚拟专用网；⑥复杂的状态同步机制；⑦面对来自内部的安全威胁没有防范能力。只有使用先进的身份验证技术并在网络层上实施统一的端到端数据加密技术，再结合当前的防火墙技术进行必要的检测，才能解决上述问题。

本章小结

　　本章介绍了边界安全设备情况，详细描述了防火墙的种类，并且介绍了防火墙体系结构，最后通过介绍防火墙产品、防火墙选购及安装方法，并给出了具体的实践方案，从理论与实践两方面详细介绍了防火墙的情况。

本章习题

1. 边界安全设备有哪些？
2. 防火墙种类包括哪些？
3. 防火墙的体系结构是什么样的？
4. 防火墙产品选购的原则有哪些？
5. 常见的火墙产品有哪些？

第5章

认证与加密技术

▶学习目标

（1）安全加密技术概述

（2）信息加密技术

（3）加密技术的应用

（4）数字证书简介

（5）SSL 认证技术

▶内容导学

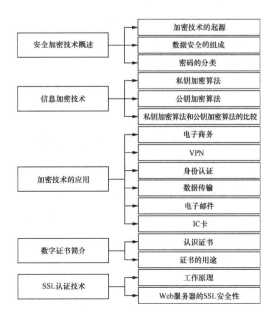

5.1 安全加密技术概述

5.1.1 加密技术的起源

密码学是一门拥有古老历史和年轻发展活力的学科。将它用于军事和外交通信保密的记录可追溯到几千年前。这几千年来，密码学一直在不断地向前发展。而随着当今信息时代的高速发展，密码学显得越来越重要。它已不仅仅局限于在军事、政治和外交方面的使用，而更多的是与人们的生活息息相关：如人们在网上进行购物、与他人交流、使用信用卡进行匿名投票等，都需要运用密码学的知识来保护人们的个人信息和隐私。密码学相关术语见表 5-1，密码学的发展历史大致可划分为三个阶段。

表 5-1　密码学术语

名词	解析
明文	没有进行加密，能够直接代表原文含义的信息
密文	经过加密处理之后，隐藏原文含义的信息
加密	将明文转换成密文的实施过程
解密	将密文转换成明文的实施过程
密钥	密钥是一种参数，它是在明文转换为密文或将密文转换为明文的算法中输入的参数。密钥分为对称密钥与非对称密钥
密码算法	密码系统采用的加密方法和解密方法，随着基于数学函数的密码技术的发展，加密方法一般称为加密算法，解密方法一般称为解密算法
分组密码	用明文的一个区块和密钥，输出相同大小的密文区块。由于待加密数据通常比单一分组长，因此有各种方式将连续的区块拼接在一起。分组密码代表有 DES、AES
流密码	相对于分组加密，把密钥与明文逐位元或字符结合，有点类似一次一密密码本。输出的串流根据加密时的内部状态而定。在一些流密码上由密钥控制状态的变化。流密码代表有 RC4

1. 密码发展第一阶段

第一个阶段，从古代到 1949 年。这一时期可看作是科学密码学的前夜时期，这一阶段的加密技术可以说是一种艺术，而不是一门学科。密码学专家往往是凭直觉和信念来进行密码设计和分析，而不是通过推理证明。这一阶段使用的一些密码体制为古典密码体制，大多数都比较简单而且容易被破译，但这些密码的设计原理和分析方法对于理解、设计和分析现代密码是有帮助的。这一阶段的加密技术主要应用于军事、政治和外交领域。

最早的古典密码体制主要有单表代换密码体制和多表代换密码体制。这是古典密码中的两种重要体制，曾被广泛地使用过。单表代换密码的破译十分简单，因为在单表代换下，除了字母名称改变以外，字母的频度、重复字母模式、字母结合方式等统计特性均未发生改变，依靠这些不变的统计特性就能破译单表代换密码。相对单表代换密码来说，多表代换密码的破译要难得多。多表代换密码是在 1467 年左右由意大利的建筑师莱昂·巴蒂斯塔·阿尔伯蒂（Leon Battista Alberti）发明的。多表代换密码又分为非周期多表代换密码和周期多表代换密码。非周期多表代换密码的每个明文字母都采用不同的代换表（或密钥），称作一次一密密码，这是一种在理论上唯一不可破的密码。这种密码可以完全隐蔽明文的特点，但由于需要的密钥量和明文消息长度相同而难以被广泛使用。为了减少密钥量，在实际应用中多采用周期多表代换密码。在 16 世纪，有各种各样的自动密钥密码被使用，维吉尼亚密码（Vigenère Cipher）十分受人瞩目。有名的多表代换密码有维吉尼亚密码（Vigenère Cipher）、博福特密码（Beaufort Cipher）、滚动密钥密码（Running-key Cipher）、Vernam 加密法和转轮机（rotor machine）。对于单表代换和多表代换密码来说，唯密文攻击是可行的。单表代换和多表代换密码都是以单个字母作为代换对象的，而每次对多个字母进行代换就是多字母代换密码。大约 1854 年 L.Playfair 在英国推广 Playfair 密码，它是由英国科学家查尔斯·惠斯通（C.Wheatstone）发明的。这是第一种多字母代换密码，在第一次世界大战中英国人就采用了这种密码。多字母代换密码的优点是容易将字母的自然频度隐蔽或均匀化而有利于抵抗统计分析。这种密码主要有 Playfair 密码、Hill 密码等。

在 20 世纪 20 年代，人们发明了各种机械加密设备用来自动处理加密。大多数是基于转轮的概念。1918 年美国工程师爱德华·赫本（E.H.Hebern）造出了第一台转轮机，它是基于一台用有线连接的早期打字机改造来产生单字母表替代的，输出是通过原始的亮灯式指示。最著名的转轮装置是恩尼格玛密码机（Enigma），它是由德国人谢尔比乌斯（Scherbius）发明并制造的，在第二次世界大战中由德国人使用。不过在第二次世界大战期间，它就被破译了。

2. 密码发展第二阶段

第二个阶段，从 1949 年到 1975 年。1949 年香农发表的《保密系统的通信理论》一文为近代密码学建立了理论基础，从此密码学成为了一门学科。该学科最完整的非技术性著作是戴维·卡恩（David Kahn）的《破译者》。这本书回溯了密码学的历史，内容包括从大约 4000 年前古埃及人原始加密解密活动，直到 20 世纪两次世界大战中密码学所扮演的关键角色。卡恩的著作完成于 1967 年，覆盖了历史上对当时密码学科的发展来说最为重要的方面。它的意义在于它不仅记述了 1967 年之前密码学发展的历史，而且使许多不知道密码学的人了解了密码学。

20 世纪 60 年代以来计算机和通信系统的普及带动了个人对数字信息保护及各种安全服务的需求。IBM 的 Feistel 在 20 世纪 70 年代初期开始其工作，到 1977 年达到顶点，其研究成果被采纳为加密非分类信息的美国联邦信息处理标准，即数据加密标准（DES），被认为是历史上最著名的密码体制。DES 至今依然是世界范围内许多金融机构进行安全电子商务的标准手段，是世界上广泛使用和流行的一种分组密码算法。然而，随着计算机硬件的发展及计算能力的提高，DES 已经显得不再安全。1997 年 7 月 22 日电子前沿基金会（Electronic Frontier Foundation，EFF）使用一台 25 万美元的计算机在 56 小时内破译了 56 位密钥的 DES。1998 年 12 月美国决定不再使用 DES。美国国家标准与技术研究院现在已经启用了新的加密标准 AES，它选用的算法是比利时的研究成果"Rijndael"。

以上这两个阶段所使用的密码体制都被称为是对称密码体制，因为这些体制中，加秘密钥和解秘密钥都是相同的，而密码学进入发展的第三个阶段，则出现了非对称密码体制——公钥密码体制。

3. 密码发展第三阶段

第三个阶段，从 1976 年到 2021 年。密码学历史上具有突破性的发展是 1976 年迪菲和赫尔曼发表的《密码学的新方向》一文。他们首次证明了在发送端和接收端无密钥传输的保密通信是可能的，这篇论文革命性地引入了公钥密码学的概念，并提供了一种创造性的密钥交换的方法，其安全性是基于离散对数问题的困难性。虽然在当时两位作者并没有提供公钥加密方案的实例，但他们的思路非常清楚，因而在密码学领域引起了人们广泛的兴趣和研究热情。1978 年由罗纳多·瑞维斯特（Rivest），艾迪·夏弥尔（Shamir）和奥纳多·艾德拉曼（Adleman）三人提出了第一个比较完善的实际的公钥加密及数字签名方案，这就是著名的 RSA 方案。RSA 方案基于另一个困难数学问题：大整数因子分解。这一困难数学问题在密码学中的应用促使人们努力寻找因子分解的更有效方法，并且在 20 世纪80 年代取得一些重要的进展，但是它们都没能说明 RSA 密码系统是不安全的。另一类强大而实用的公钥方案在 1985 年由 ElGamal 提出，称作 ElGamal 方案。这个方案在密码协议中被大量应用，它的安全性是基于离散对数难题的。其他的公钥密码算法还有 Rabin 算法、Merkle-Hellman 背包算法、Chor-Rivest 算法、McEliece 算法、椭圆曲线密码算法等。这里只讨论公钥密码体制的计算安全性，它们不是无条件安全的。而且相对于对称密码体制，公钥密码的运行速度较慢。

公钥密码学的最重要贡献之一是数字签名。数字签名的应用非常广泛。从前，在政治、军事、外交等活动中签署文件，签订商业契约和合同，从银行中取款等事务中的签字，传统上都采用手写签名或印鉴。签名起到认证、核准和生效作用。而随着信息时代的到来，人们当然希望通过数字信息网进行迅速的、远距离的贸易合同的签名，数字签名就这样应运而生，并开始应用于商业通信系统，诸如电子邮件、电子转账、电子商务及办公自动化等系统。公钥密码体制的诞生为数字签名的研究和应用开辟了一条广阔的道路。目前数字签名的研究内容非常丰富，包括普通签名和特殊签名。特殊签名有盲签名、代理签名、群签名、不可否认签名、具有消息恢复功能的签名等，它们与具体应用环境密切相关。1991年颁布了数字签名的第一个国际标准（ISO/IEC9796），它是基于 RSA 公钥方案的。而数字签名标准是由美国国家标准与技术研究院于 1991 年 8 月 30 日提出，1994 年 5 月 19 日在联邦记录中公布，在 1994 年 12 月 1 日被采纳，它是 ElGamal 数字签名方案的一个变形。目前来说，除了 RSA、ElGamal 等公钥体制，还有其他的公钥体制被提出，如基于格的 NTRU 体制、基于多元多项式方程组的 HFE 体制等。

密码学发展的第三个阶段是密码学最活跃的阶段，不仅有许多的公钥算法被提出并得到了发展，同时对称密钥技术也在飞速地向前发展，而且密码学应用的重点也转到与人们息息相关的问题上。随着信息和网络的迅速发展，相信密码学还会有更多更新的应用。经过长期发展，密码学已成为一门由多人发明出特定技术以满足某些信息安全需求的技术。最近 20 年是其从技术到科学的过渡时期。现在已有几个专门研讨密码学的国际会议，且有一个国际性的组织——国际密码研究协会（IACR），致力于促进该领域的研究发展。

近年来，由于量子力学和密码学的合作，出现了量子密码学（Quantum Cryptography），它可完成单由数学无法完成的完善保密系统。在经典物理学中，物体的运动轨迹仅由相应的运动方程所描述和决定，不受外界观察者观测的影响，或者说，这种影响微乎其微可完全被忽略。同样，一个基于经典物理学的密码系统中的信息也不会因窃听者的窃听而改变，这完全是由经典物理学所研究的宏观范围决定的。然而，在微观的量子世界中，情形就完全不同了。因为人们观察量子系统的状态将不可避免地破坏量子系统的原有状态，而且这种破坏是不可逆转的。这就意味着当你用一套精心设计的设备来偷窥量子系统的状态时，你所能看到的仅是在你介入之后的状态，即量子系统改变后的状态，而在此之前的状态则是无法推知的。如果利用量子系统的这种特性来传递密钥，那么窃听者的一举一动都将被量子系统的合法用户察觉，而且窃听者也不可能获得真正的密钥数据。量子密码装置一般采用单个光子实现，根据海森堡的不确定性原理，测量这一量子系统会对该系统产生干扰并且会产生出关于该系统测量前状态的不完整信息。量子密码学利用这一效应，使从未见过面且事先没有共享秘密信息的通信双方建立通信密钥，然后再采用已被香农证明是完善保密的一次一密密码进行通信，即可确保双方的秘密不被泄露。这样，量子密码学达到了经典密码学所无法达到的两个最终目的：一是合法的通信双方可察觉潜在的窃听者并采取相应的措施；二是使窃听者无法破解量子密码，无论企图破译者有多么强大的计算能力。量子密码学的出现是经典密码学的重大突破，可以毫不夸张地说我们正处在信息时代即将发生深刻变化的前夜。

目前量子加密技术仍然处于研究阶段，利用量子效应保护信息的思想是哥伦比亚大学学者 Wiesner 首先提出的，在他的论文《共轭编码》中提出了 2 个概念，量子钞票和复用信道。该论文开创了量子信息安全的先河，对量子加密技术的发展起到了很大的推动作用。但是，由于当时技术面的局限性，该论文在当时没能获准发表，1979 年在第 20 次计算机科学基础大会上，密码学家讨论了 Wiesner 的思想，但没形成成熟的结论，1983 年才成功发表。1984 年，他们经过研究，提出了著名的量子密钥分配概念。从此，量子加密技术引起了国际密码学界的高度重视，人们开始对量子密码进行研究并取得了大量的研究成果。经过 30 多年的研究与发展，逐渐形成了比较系统的量子密码理论体系。其主要涉及量子密钥分配、量子密码算法、量子密钥共享、量子密钥存储、量子密码安全协议、量子身份认证等方面。

阻碍量子加密技术走向实用的技术问题主要是难以制造出工作在所需波长上的高效的单光子检测器，而这对基于光子的量子加密的实现则是很关键的。因为这是为了防止窃听者通过一个半镀银镜之类的装置来窃听传送量子信息的光束，即窃听者将每一个闪光分解成两个强度较低的闪光，然后读取一个闪光而让另一个闪光继续通过送至接收方，在此过程中闪光的偏振状态未受干扰。如果窃听者仅移走该光束中的适当部分，则接收方可能就察觉不到信号正在减弱。因此，必须以减少量子信道数据传送的速率为代价，让发送方发送极其微弱的闪光，即平均而言其强度为每个闪光小于一个光子，以有效地挫败这种窃听。所以，在量子加密技术中必须采用高效的光子检测器以减少系统自身错误，同时挫败潜在的窃听者的企图。另外，量子密码系统即使在没有窃听者窃听时，由于系统自身错误，接收方接收的信息也会有一些误差。此外，我们还要防止窃听者在假扮合法通信双方中的一方的同时欺骗另一方，以使对方相信他是合法通信双方中的一方。因此，量子加密技术要走向实用，必须结合一些经典技术，如保密增强、纠错及认证技术等。这在一定程度上也减弱了量子加密在技术上的优势。阻碍量子加密技术走向实用很重要的非技术问题则是经济问题，因为量子密钥分配技术不得不同一些传统方法竞争以获得市场，而这些传统方法在长距离上更有优势以及在成本费用上更低，从而使量子密码的密钥分配技术处于不利地位。这也是目前量子加密技术难以立即转化为实用技术的原因之一。

当前，量子密码距实用还有相当一段距离，一旦在长距离的传统光纤信道上实现量子密钥的传输，则量子密码会在技术上及成本上完全压倒经典的密码技术。我们也完全有理由相信，一旦量子密码在实际中得到应用，一定会在 21 世纪的信息时代中产生不可估量的影响。这就意味着人类密码学的历史将会往前迈进一大步。量子加密技术的发展给我们展示了一个美好的未来，我们完全有理由期待更安全的信息时代。

5.1.2　数据安全的组成

大型企业管理软件的应用越来越广泛，保存在各类系统中的企业关键数据量也越来越大，许多数据需要保存数十年以上，甚至是永久性保存，关键业务数据是企业生存的命脉和宝贵的资源，数据安全性问题越来越突出。如何增强企业软件系统的安全性、保密性、真实性、完整性，成为每一位软件开发人员关注的焦点。从保护数据的角度讲，对数据安全这个广义概念，可以细分为数据加密、数据传输安全和身份认证管理三部分。

1. 数据加密

数据加密技术是最基本的安全技术，被誉为信息安全的核心，最初主要用于保证数据在存储和传输过程中的保密性。数据加密就是按照确定的密码算法把敏感的明文数据变换成难以识别的密文数据，通过使用不同的密钥，可用同一加密算法把同一明文加密成不同的密文。当需要时，可使用密钥把密文数据还原成明文数据，称为解密。即使加密信息在存储或者传输过程为非授权人员所获得，也可以保证这些信息不为其认知，从而达到保护信息的目的。该方法的保密性直接取决于所采用的密码算法和密钥长度。

根据密钥类型不同可以把现代密码技术分为对称加密算法（私钥密码体系）和非对称加密算法（公钥密码体系）。对称加密算法、非对称加密算法和不可逆加密算法可以分别应用于数据加密、身份认证和数据安全传输。

数据加密被公认为是保护数据传输安全唯一实用的方法和保护存储数据安全的有效方法，它是数据保护在技术上最重要的防线。

2. 数据传输安全

数据传输安全是指数据在传输过程中必须要确保数据的安全性、完整性和不可篡改性。数据传输加密技术目的是对传输中的数据流加密，以防止通信线路上的窃听、泄露、篡改和破坏。数据传输的完整性通常通过数字签名的方式来实现，即数据的发送方在发送数据的同时利用单向的不可逆加密算法哈希函数或者其他消息摘要算法计算出所传输数据的消息摘要，并把该消息摘要作为数字签名随数据一同发送。接收方在收到数据的同时也收到该数据的数字签名，接收方使用相同的算法计算出接收到的数据的数字签名，并把该数字签名和接收到的数字签名进行比较，若二者相同，则说明数据在传输过程中未被修改，数据完整性得到了保证。

哈希算法也称为消息摘要或单向转换，是一种不可逆加密算法，称它为单向转换是因为，双方必须在通信的两个端头处各自执行哈希函数计算。使用哈希函数很容易从消息中计算出消息摘要，但以计算机的运算能力几乎不可实现其逆向反演过程。

哈希算法本身就是所谓加密检查，通信双方必须各自执行函数计算来验证消息。举例来说，发送方首先使用哈希算法计算消息的校验和，然后把计算结果 A 封装进数据包中一起发送；接收方再对所接收的消息执行哈希算法计算得出结果 B，并把 B 与 A 进行比较。

如果消息在传输中遭篡改致使 B 与 A 不一致，则接收方丢弃该数据包。目前，有两种最常用的哈希函数：MD5 和 SHA 算法。

（1）MD5：MD5 在 MD4 的基础上做了改进，计算速度比 MD4 稍慢，但安全性能得到了进一步改善。MD5 在计算中使用了 64 个 32 位常数，最终生成一个 128 位的完整性校验值。

（2）SHA：其算法以 MD5 为原型。SHA 在计算中使用了 79 个 32 位常数，最终产生一个 160 位完整性校验值。SHA 检查和长度比 MD5 更长，因此安全性也更高。

3. 身份认证管理

身份认证的目的是确定系统和网络的访问者是否是合法用户。主要采用登录密码、代表用户身份的物品（如智能卡、IC 卡等）或反映用户生理特征的标识鉴别访问者的身份。身份认证要求参与安全通信的双方在进行安全通信前，必须互相鉴别对方的身份。保护数据不仅仅是要让数据正确、长久地存在，更重要的是要让不该看到数据的人看不到。这方面，就必须依靠身份认证技术来给数据加上一把锁。数据存在的价值就是需要被合理访问，所以，建立信息安全体系的目的是保证系统中的数据只能被有权限的人访问，未经授权的人则无法访问数据。如果没有有效的身份认证手段，访问者的身份就很容易被伪造，使得未经授权的人仿冒有权限人的身份，这样，安全防范体系形同虚设，所有安全投入就被无情地浪费了。

在企业管理系统中，身份认证技术要能够密切结合企业的业务流程，阻止对重要资源的非法访问。身份认证技术可以用于解决访问者的物理身份和数字身份的一致性问题，给其他安全技术提供权限管理的依据。所以说，身份认证是整个信息安全体系的基础。

由于在网上进行的通信双方互不见面，必须在交易时（交换敏感信息时）确认对方的真实身份，而身份认证指的是确认用户身份的技术，所以它是网络安全的第一道防线，也是最重要的一道防线。

在公共网络上的认证方式，从安全角度可以分为两类。一类是请求认证者的秘密信息（例如口令）在网上传送的口令认证方式，另一类是使用不对称加密算法，而不需要在网上传送秘密信息的认证方式，这类认证方式中包括数字签名认证方式。

此外，数据安全还涉及很多其他方面的技术与知识，例如黑客技术、防火墙技术、入侵检测技术、病毒防护技术、信息隐藏技术等。

5.1.3 密码的分类

从不同的角度根据不同的标准，可以把密码分成若干类。

1. 按照应用技术和历史发展划分

（1）手工密码。以手工形式完成加密作业，或者以简单器具辅助操作的密码，叫作手工密码。第一次世界大战前主要是这种作业形式。

（2）机械密码。以机械密码机或电动密码机来完成加解密工作的密码，叫作机械密码。这种密码从第一次世界大战出现，在第二次世界大战中得到普遍应用。

（3）电子机内乱密码。通过电子电路，以严格的程序进行逻辑运算，以少量制乱元素生产大量的加密乱数，因为其制乱是在加解密过程中完成的而不需预先制作，所以被称为电子机内乱密码。这种密码从 20 世纪 50 年代末期出现，在 70 年代广泛应用。

（4）计算机密码，是以计算机软件编程进行算法加密为特点，适用于计算机数据保护和网络通信等广泛用途的密码。

2. 按保密程度划分

（1）理论上保密的密码。将不管获取多少密文和有多大的计算能力，对明文始终不能得到唯一解的密码，称为理论上保密的密码，也叫理论上不可破解的密码。如客观随机一次一密密码就属于此类密码。

（2）实际上保密的密码。在理论上可破，但在现有客观条件下，无法通过计算来确定唯一解的密码，被称为实际上保密的密码。

（3）不保密的密码。在获取一定数量的密文后可以得到唯一解的密码，被称作不保密的密码，如早期单表代换密码、后来的多表代换密码等，现在都被称为不保密的密码。

3. 按密钥方式划分

（1）对称式密码。将收发双方使用相同密钥的密码称为对称式密码。传统的密码都属于此类密码。

（2）非对称式密码。将收发双方使用不同密钥的密码称为非对称式密码。如现代密码中的公共密钥密码就属于此类密码。

4. 按明文形态划分

（1）模拟型密码。用于加密模拟信息。如对动态范围之内连续变化的语音信号加密的密码，被称作模拟型密码。

（2）数字型密码。用于加密数字信息。对两个离散电平构成 0、1 二进制关系的电报信息加密的密码被称作数字型密码。

5.2　信息加密技术

信息加密技术是利用数学或物理手段，对电子信息在传输过程中和存储体内进行保护，以防止泄露的技术。

保密通信、计算机密钥、防复制软盘等都属于信息加密技术。通信过程中的加密主要是采用密码，在数字通信中可利用计算机采用加密法以改变负载信息的数码结构。计算机信息保护则以软件加密为主。目前世界上最流行的几种加密体制和加密算法有：RSA 算法和 CCEP 算法等。

为防止破密，加密软件还常采用硬件加密和加密软盘。一些软件商品常带有一种小的硬卡，这就是硬件加密措施。用激光在软盘上穿孔，使软件的存储区有不为人所知的局部损坏，就可以防止被他人非法复制。这样的加密软盘可以为不掌握加密技术的人员使用，以保护软件。由于计算机软件的非法复制、解密及盗版问题日益严重，甚至引发国际争端，因此对信息加密技术和加密手段的研究与开发受到各国计算机界的重视，发展日新月异。

加密就是通过密码算法对数据进行转化，使之成为若没有正确密钥任何人都无法读懂的报文。而这些以无法读懂的报文形式出现的数据一般被称为密文。为了读懂报文，密文必须重新转变为它的最初形式——明文。而含有用数学方式转换报文的双重密码就是密钥。在这种情况下即使一则信息被他人截获并阅读，也是毫无利用价值的。而实现这种转化的算法标准，据不完全统计，到现在为止已经有 200 多种。在这里，主要介绍几种重要的算法标准。

按照国际惯例，将这 200 多种方法按照双方收发的密钥是否相同的标准划分为两大类。一种是私钥加密算法（也叫对称加密算法），其特征是收信方和发信方使用相同的密钥，即加密密钥和解密密钥是相同或等价的。比较著名的私钥加密算法有，美国的 DES 算法及其各种变形，比如 3DES 算法、GDES 算法、New DES 算法和 DES 算法的前身 Lucifer 算法；欧洲的 IDEA 算法；日本的 FEALN 算法、LOKI91 算法、Skipjack 算法、RC4 算法、RC5 算法以及以代换密码和转轮密码为代表的古典密码等。在众多的私钥加密算法中影响最大的是 DES 算法，而最近美国国家标准与技术研究院推出的 AES 算法将有取代 DES 算法的趋势，后文将做出详细的分析。私钥加密算法的优点是有很强的保密强度，且能经受住时间的检验，但其密钥必须通过安全的途径传送。因此，密钥管理成为系统安全的重要因素。另外一种是公钥加密算法（也叫非对称加密算法），其特征是收信方和发信方使用的密钥互不相同，而且几乎不可能从加密密钥推导解密密钥。比较著名的公钥加密算法有：RSA 算法、背包算法、McEliece 公钥密码体制、Diffie-Hellman 密钥协议算法、Rabin 签名算法、Ong Fiat Shamir、零知识证明的算法、椭圆曲线加密算法（ECC 算法）、ElGamal 加密算法（ECC 算法）等。最有影响的公钥加密算法是 RSA 算法，它能抵抗目前为止已知的所有密码攻击，而最近势头正劲的 ECC 算法正有取代 RSA 算法的趋势。公钥密码的优点是可以适应网络的开放性要求，且密钥管理问题也较为简单，尤其是可方便地实现数字签名和身份验证，但其算法复杂，加密数据的速率较低。尽管如此，随着现代电子技术和密码技术的发展，公钥加密算法将是一种很有前途的网络安全加密体制。这两种算法各有其短处和长处，下文将做出详细的分析。

1. 私钥加密算法

在私钥加密算法中，信息的接收者和发送者都使用相同的密钥，所以双方的密钥都处于保密的状态，因为私钥的保密性必须基于密钥的保密性，而非算法的。这在硬件上增加了私钥加密算法的安全性。但同时我们也看到这也增加了一个挑战，收发双方都必须为自己的密钥负责，这种条件当两者在地理上分离时则显得尤为重要。私钥加密算法还面临着一个更大的困难，那就是对私钥的管理和分发十分困难和复杂，而且所需的费用十分庞大。比如说，一个 n 个用户的网络就需要派发 $n(n-1)/2$ 个私钥，特别是对于一些大型的并且广域的网络来说，其管理是一个十分困难的过程，正是这些因素决定了私钥加密算法的使用范围。而且，私钥加密算法不支持数字签名，这对远距离的传输来说也是一个障碍。另一个影响私钥的保密性的因素是算法的复杂性。迄今为止，国际上比较通行的是 DES 算法、3DES 算法以及最近推广的 AES 算法。

数据加密标准（Data Encryption Standard，DES）是 IBM 公司于 1977 年为美国政府研制的一种算法。DES 是以 56 位密钥为基础的密码块加密技术。它的加密过程一般如下：

① 一次性把 64 位明文块打乱置换；

② 把 64 位明文块拆成两个 32 位块；

③ 用机密 DES 密钥把每个 32 位块打乱位置 16 次；

④ 使用初始置换的逆置换，得到密文输出。

但在实际应用中，DES 的保密性受到了很大的挑战，1999 年 1 月，EFF 和分散网络用了不到一天的时间，破译了 56 位的 DES 加密信息。DES 的统治地位受到了严重的影响，为此，美国推出 DES 算法的改进版本——三重数据加密算法（Triple Data Encryption Algorithm，3DES）。即在使用过程中，收发双方都用 3 把密钥进行加解密，无疑这种 3×56 式的加密方法大大提升了密码的安全性，按现在计算机的运算速度，这种破解几乎是不可能的。但是我们在为数据提供强有力的安全保护的同时，也要花更多的时间来对信息进行 3 次加密和对每个密层进行解密。同时在这种前提下，使用这种密钥的双方都必须拥有 3 个密钥，如果丢失其中任何一把，其余两把都成了无用的密钥。这样私钥的数量一下又提升了 3 倍，这显然不是我们想看到的。于是美国国家标准与技术研究院推出了一个新的保密措施来保护金融交易。美国国家标准与技术研究院在 2000 年 10 月选定了比利时的研究成果"Rijndael"作为高级加密标准(Advanced Encryption Standard, AES)的基础。"Rijndael"是经过 3 年时间，最终从进入候选的 5 种方案中挑选出来的。

AES 内部有更简洁精确的数学算法，而加密数据只需一次通过。AES 算法被设计成具有高速、坚固的安全性能，而且能够支持各种小型设备。AES 算法与 3DES 算法相比，不仅安全性能有重大差别，在使用性能和资源有效利用上也有很大差别。

还有一些其他的一些算法，如美国国家安全局使用的飞鱼（SKIPJACK）算法，不过它的算法细节始终都是保密的，所以外人无从得知其细节内容；一些私人组织开发的取代DES 算法的方案：RC2 算法、RC4 算法、RC5 算法等。

2. 公钥加密算法

面对在执行过程中如何使用和分享密钥及保持其机密性等问题，1976 年惠特菲尔德·迪菲（Whitfield Diffie）和马丁·赫尔曼（Martin Hellman）提出了公共密钥加密技术的概念，被称为 Diffie-Hellman 技术。从此公钥加密算法便产生了。

由于采取了公共密钥，密钥的管理和分发就变得简单多了，对于一个有 n 个用户的网络来说，只需要 $2n$ 个密钥便可达到密度。同时公钥加密算法的保密性全部集中在极其复杂的数学问题上，它的安全性因此也得到了保证。但是在实际运用中，公钥加密算法并没有完全取代私钥加密算法。重要的原因是它的实现速度远远赶不上私钥加密算法。又因为它的安全性，所以常常用来加密一些重要的文件。自公钥加密技术问世以来，学者们提出了许多种公钥加密算法，它们的安全性都是基于复杂的数学难题。根据它们所基于的数学难题来分类，有以下 3 类系统目前被认为是安全和有效的：大整数因子分解系统（有代表性的是 RSA 算法）、椭圆曲线上的离散对数系统（ECC 算法）和有限域上的离散对数系统（有代表性的是 DSA 算法），下面就做较为详细的叙述。

RSA 算法是由罗纳多·瑞维斯特（Rivest）、艾迪·夏弥尔（Shamir）和里奥纳多·艾德拉曼（Adleman）联合提出的，RAS 算法由此得名。它的安全性是基于大整数因子分解的困难性，而大整数因子分解问题是数学上的著名难题，至今没有有效的解决方法，因此可以确保 RSA 算法的安全性。RSA 算法是公钥加密算法中最具有典型意义的方法，大多数使用公钥进行加密和数字签名的产品和标准使用的都是 RSA 算法。它的具体算法如下。

（1）找两个非常大的质数，越大越安全。这两个质数为 P 和 Q。

（2）找一个能满足下列条件的数字 E：

① 是一个奇数；

② 小于 $P \times Q$；

③ 与（$P-1$）×（$Q-1$）互质，是指 E 和该方程的计算结果没有相同的质数因子。

（3）计算出数值 D，满足下面性质：$((D \times E) - 1)$ 能被 $(P-1) \times (Q-1)$ 整除。

公开密钥对是 $(P \times Q, E)$；

私人密钥是 D；

公共密钥是 E。

（4）解密函数是：

假设 T 是明文，C 是密文。

加密函数用公开密钥 E 和模 $P \times Q$；

加密信息＝(TE) 模 $P \times Q$；

解密函数用私人密钥 D 和模 $P \times Q$；

解密信息＝(CD) 模 $P \times Q$；

椭圆曲线加密算法（ECC 算法）是建立在单向函数（椭圆曲线上的离散对数）的基础上，由于它比 RAS 算法使用的有限域上的离散对数要复杂得多。所以与 RSA 相比，它有如下几个优点。

（1）安全性能更高。加密算法的安全性能一般通过该算法的抗攻击强度来反映。ECC 算法和其他几种公钥加密算法相比，其抗攻击性具有绝对的优势。如 160 位 ECC 算法与 1024 位 RSA 算法有相同的安全强度。而 210 位 ECC 算法则与 2048 位 RSA 算法具有相同的安全强度。

（2）计算量小，处理速度快。虽然在 RSA 算法中可以通过选取较小公钥（可以小到 3）的方法提高公钥处理速度，即提高加密和签名验证的速度，使其在加密和签名验证速度上与 ECC 算法有可比性，但在私钥的处理速度上（解密和签名），ECC 算法远比 RSA 算法、DSA 算法快得多。因此 ECC 算法总的速度比 RSA 算法、DSA 算法要快得多。

（3）存储空间占用小。ECC 算法的密钥尺寸和系统参数与 RSA 算法、DSA 算法相比要小得多，意味着它所占的存储空间要小得多。这对于加密算法在 IC 卡上的应用具有特别重要的意义。

（4）带宽要求低。当对长消息进行加解密时，3 类密码系统有相同的带宽要求，但应用于短消息时 ECC 算法带宽要求却低得多。而公钥加密算法多用于短消息，例如用于数字签名和用于对称系统的会话密钥传递。带宽要求低使 ECC 算法在无线网络领域具有广泛的应用前景。

ECC 算法的这些特点使它必将取代 RSA 算法，成为通用的公钥加密算法。比如 SET 协议的制定者已把它作为下一代 SET 协议中缺省的公钥密码算法。

3. 私钥加密算法和公钥加密算法的比较

以上综述了两种加密方法各自的特点，并对他们的优劣处做了一个简要的比较，总体来说主要有下面几个方面。

（1）管理方面

在管理方面，公钥加密算法只需要较少的资源就可以实现目的，在密钥的分配上，两者之间相差一个指数级别（一个是 n，一个是 n^2）。所以私钥加密算法不适于广域网的使用，而且更重要的一点是它不支持数字签名。

（2）安全方面

在安全方面，由于公钥加密算法是基于未解决的数学难题，在破解上几乎不可能。对于私钥加密算法，AES 算法从理论上来说是不可能被破解的，但从计算机的发展角度来看，公钥更具有优越性。

（3）速度方面

从速度上来看，基于 AES 算法的软件实现速度已经达到了每秒数兆或数十兆比特，是基于公钥加密算法的软件实现速度的 100 倍，如果用硬件来实现的话这个速度将是公钥的 1000 倍。

（4）算法方面

对于这两种算法，因为算法不需要保密，所以制造商可以开发出低成本的芯片以实现数据加密。这些芯片有着广泛的应用，适合大规模生产。

纵观这两种算法，一个从 DES 算法到 3DES 算法再到 AES 算法，一个从 RSA 算法到 ECC 算法。其发展角度无不是从密钥的简单性、成本的低廉性、管理的简易性、算法的复杂性、保密的安全性以及计算的快速性这几个方面去考虑。因此，未来算法的发展也必定是从这几个角度出发的，而且在实际操作中往往把这两种算法结合起来，也许将来会有一种集两种算法优点于一身的新型算法出现，到那个时候，电子商务的实现必将更加快捷和安全。

5.3　加密技术的应用

信息加密技术是一门涉及多学科的综合性科学技术，将信息加密技术应用于计算机网络安全领域不仅能够降低用户数据被窃取和篡改的可能性，而且能够保护广大网络用户的人身财产安全。

1. 信息加密技术在电子商务中的应用

电子商务可以让消费者在网上进行一切消费活动，并且不用担心自己的银行卡会被盗刷。以前人们为了防止银行卡的密码被盗取，一般都是通过电话服务来预定自己所需要的消费品，但是现在由于时代的进步，人们把加密技术运用到各种商务中，从而保障了银行卡消费的安全性，使消费者可以进行在线支付，加密技术的运用保证了双方的利益和信息的安全交换。

NETSCAPE 公司是因特网商业中领先技术的提供者，该公司提供了一种基于 RSA 和保密密钥应用于因特网的技术，被称为安全套接层（Secure Sockets Layer，SSL）。

Socket 是一个编程界面，并不提供任何安全措施，而 SSL 不但提供编程界面，而且向上提供一种安全的服务，SSL3.0 已经应用到了服务器和浏览器上，SSL2.0 则只能应用于服务器端。

SSL3.0 用一种电子证书（Electric Certificate）对身份进行验证后，双方就可以用保密密钥进行安全的会话了。它同时使用"对称"和"非对称"密钥加密方法，在客户与电子商务的服务器进行沟通的过程中，客户会产生一个 Session Key，然后客户用服务器端的公钥对 Session Key 进行加密，再传给服务器端，在双方都知道 Session Key 后，传输的数据都是以 Session Key 进行加密与解密的，但服务器端发给用户的公钥必须先向有关发证机关申请，以得到公证。

有了 SSL3.0 提供的安全保障，用户就可以在网站上自由订购商品并且放心输入信用卡号了，也可以在网上和合作伙伴交流商业信息并且让供应商把订单和收货单从网上发过来，这样可以节省大量的纸张，为公司节省大量的电话、传真费用。在过去，电子数据交换（Electronic Data Interchange，EDI）、信息交易（Information Transaction）和金融交易（Financial Transaction）都是在专用网络上完成的，使用专用网的费用大大高于使用因特网。正是有这样的安全保障，才使人们开始发展因特网上的电子商务，SSL 的接任者是 TLS。

2. 信息加密技术在 VPN 中的应用

VPN 是指虚拟专用网络，这个虚拟专用网络大多数都被应用于国际化的公司中，这些公司都会拥有自己的局域网，在其方便使用的同时也会担心局域网的安全问题，但是由于科技的迅猛发展，这些都已经不再是问题了，人们把需要用的各种数据发送到因特网上，再由因特网上的路由器进行加密，再以因特网加密的形式传送信息，当信息到达路由器的同时就会被该路由器解密，这样既可以防止别人盗取信息，又可以让用户看到自己真正需要的信息。

越来越多的公司走向国际化，一个公司可能在多个国家都有办事机构或销售中心，每一个机构都有自己的局域网（Local Area Network，LAN），但在当今的网络社会中，人们的要求不仅如此，用户希望将这些 LAN 连接在一起组成一个公司的广域网，这个要求在现在已不是什么难事了。

事实上，很多公司都已经这样做了，但他们一般是租用专用线路来连接这些局域网，他们考虑的就是网络的安全问题。具有加密/解密功能的路由器已到处都是，这就使人们通过因特网连接这些局域网成为可能，这就是我们通常所说的虚拟专用网络（Virtual Private Network，VPN）。当数据离开发送者所在的局域网时，该数据首先被用户端连接到因特网上的路由器进行硬件加密，数据在因特网上是以加密的形式传送的，当到达目的 LAN 的路由器时，该路由器就会对数据进行解密，这样目的 LAN 中的用户就可以看到真正的信息了。

3. 信息加密技术在身份认证中的应用

身份认证在计算机和网络中得到了广泛的应用，身份认证可以采用非对称密钥加密技术来确认数字签名的真假，解决仿冒签名等一系列的问题，通过整个身份认证的过程，得到一个核实的签名，然后接收者对其签名进行解密，如果能正确进行解密，就证明签名有效，从而证明对方的身份是真的，以便双方进行更进一步的交易。

4. 信息加密技术在数据传输中的应用

运用该加密技术的对方使用的是同一个解密的钥匙，在双方未泄露密钥的情况下，可以保证信息的有用性和完整性，一般的算法有一种对二元数据源加密的算法，把信息分成不同的 64 位，并排成不同的组，使用 56 位长度的解密的钥匙，最后生成加密数据，再通过奇偶校验码来进行校验，再把每一组的分组进行重新替换和换位，进一步地进行变异和运算过程，最后生成加密数据源。接着再对每一组的分组进行 19 步处理，每一步的输出是下一步的输入，再经过逆初始置换，这才完成了所有的加密过程。这种加密过程保证了数据传输的安全问题，实现了数据传输的安全效果。

5. 信息加密技术在电子邮件中的应用

电子邮件可以用来传输信息，现在的网络技术越来越发达，不用和对方见面就可以把信息传入或传出，然而这也给一些人创造了投机取巧的机会，利用电子邮件仿冒别人的名字和信息来进行诈骗和盗用别人信息，或者换取一些利益，但是现在网络电子邮件都会采用数据加密的方法来防止别人盗用信息，从而保证了信息的安全性，保证了电子邮件的机密性和完整性，也便于对加密信息和数据同时进行存储和传输，加密技术运用于电子邮件中还可以检查邮件的信息完整性，使得用户的一切基本信息可以得到证实。

6. 信息加密技术在 IC 卡中的应用

IC 卡（又称智能卡）具有存储量大、数据保密性好、抗干扰能力强、存储可靠、读卡设备简单、操作速度快、脱机工作能力强等优点，为现代信息处理和传输提供了一种全新的手段，在智能卡应用方面，信息安全的保密性、完整性及可获取性等都涉及加密技术。加密技术有关 IC 卡安全的应用主要有信息传输保护、信息验证及信息授权（数字签名）等几种主要模式。

5.4 数字证书简介

5.4.1 认识证书

1. 概述

数字证书简称证书，是公钥基础设施（Public Key Infrastructure，PKI）的核心元素，由认证机构服务器签发，它是数字签名的技术基础保障，结构符合 X.509 标准，能够表明某一实体的身份、公钥的合法性及该实体与公钥二者之间的匹配关系，证书是公钥的载体，证书上的公钥唯一，与唯一实体身份绑定。现行 PKI 机制一般为双证书机制，即一个实体应具有两个证书，两个密钥对，一个是加密证书，另一个是签名证书，加密证书原则上是不能用于签名的。

PKI 技术采用证书管理公钥，通过第三方的可信任机构——证书授权中心（Certificate Authority，CA），把用户的公钥和其他标识信息（如用户名称、E-mail、身份证号等）捆绑在一起，在因特网上验证用户的身份。目前，通用的办法是采用基于 PKI 结构结合数字证书，通过对要传输的数字信息进行加密，保证信息传输的保密性、完整性，签名保证身份的真实性和不可否认性。PKI 是一个利用非对称加密算法（即公开密钥加密算法）原理和技术实现并提供网络安全服务的通用安全基础设施，它遵循标准的公钥加密技术，它是为电子商务、电子政务、网上银行和网上证券业提供一整套安全保证的基础平台。PKI 这种遵循标准的密钥管理平台，能够为所有网上应用提供加密、解密和数字签名等安全服务所需要的密钥和证书管理。

CA 作为电子商务交易中受信任的第三方，承担在公钥体系中检验公钥的合法性的责任。CA 为每个使用公开密钥的用户发放一个数字证书，数字证书的作用是证明证书中列出的用户合法拥有证书中列出的公开密钥。CA 的数字签名使得攻击者不能伪造和篡改证书。它负责产生、分配并管理所有参与网上交易的个体所需的数字证书，因此是安全电子交易的核心环节。主要的 CA 有 Symantec、Thawte、GeoTrust、GlobalSign、Sectigo、Starfield Technologies、GoDaddy、DigiCert、Network Solutions、Entrust。

在接到来自第三方的数字证书时，是否信任发布它们的组织是我们需要考虑的重要内容。如果并不认可和信任发布证书的 CA，那么根本就不应该信任这个 CA 发布的证书。如果配置浏览器让其信任一个 CA，它会自动信任由该 CA 颁发的所有数字证书。浏览器开发者可预先设置浏览器可信任的主要 CA，以减轻用户的负担。

注册机构（Registration Authority，RA）在数字证书发布之前帮助 CA 验证用户的身份。RA 本身并不直接发布证书，但是在认证过程中扮演重要的角色，从而允许 CA 远程验证用户的身份。

数字证书的生成与撤销过程如下。

（1）注册

当你希望获得一个数字证书时，你必须首先采用某种方式向 CA 证明身份，这个过程被称为注册。这常常需要携带正确的身份标识文档前往 CA 的代理处。一些 CA 提供了其他认证方法，包括使用可信团体领导提供的信用报告数据和身份认证。一旦 CA 对你的身份表示满意，你就可以向其提供你的公钥。CA 接着建立一个包含你的身份识别信息和公钥副本的 X509 V3 数字证书。CA 随后使用其私钥对证书进行数字化签名，并且向你提供已签名数字证书的副本。最后，你可以安全地将这个证书分发给希望与之进行安全通信的人。

（2）验证

当收到来自希望与之通信的人的数字证书时，就需要通过使用 CA 的公钥检查 CA 的数字签名来验证这个证书。接着，必须检查并确保证书并没有被公布在证书撤销列表（Certificate Revocation List，CRL）中。此时，假如满足下列要求，那么就可以认定在证书中列出的公钥是可信的：CA 的数字签名是可信的，你信任 CA，证书没有被列在 CRL 中，证书实际上包含你信任的数据。最后一点很微妙，但却是极其重要的要求。在信任与某人有关的信息中的身份识别内容之前，应当确信这些内容确实包含在证书中。如果某个证书包含电子邮件地址（xxx@xx.com），但是没有个人的名字，那么就只能够确信其中包含的公钥与这个电子邮件账户相关联，CA 不能断定这个电子邮件账户的实际身份。然而如果证书包含名字以及地址和电话号码，那么 CA 也同样担保这些内容。数字证书验证算法内建在许多流行的 Web 浏览器和电子邮件客户端软件中，因此不必常常涉及这个特定的过程。不过，深入理解幕后的技术细节，对于为组织机构进行正确的安全性判断来说是十分重要的。当我们购买证书时，应该选择一个被广泛信任的 CA。这样做的理由是，如果一款主流的浏览器不接纳这个 CA，或将此 CA 从信任 CA 列表中移除，这将极大限制所购买证书的使用。

（3）撤销

CA 需要撤销证书的原因有：证书遭到破坏（例如，证书所有者不慎丢失了私钥）；证书被错误地发放（例如，CA 错误地发放了一个没有进行正确验证的证书）；证书的细节发生变化（例如，主体的名字发生了变化）；安全性关联发生变化（例如，担保这份证书的组织机构不再雇用主体）。

可以使用下列两种技术来验证证书的可靠性以及确定撤销的证书。证书撤销列表由不同的 CA 进行维护，并且包含 CA 发布的已被撤销的证书的序列号，以及撤销生效的日期和时间。证书撤销列表的主要缺点是它们必须定期下载并交叉参照，这样就会在证书被撤销和通知最终用户证书撤销之间存在一段时间延迟。然而，CRL 仍然是今天检查证书状况的最常见方法。联机证书状态协议（Online Certificate Status Protocol，OCSP）通过提供实时证书验证的方法消除了 CRL 所带来的固有时延。当客户端收到一份证书时，就会向 CA 的 OCSP 服务器发送 OCSP 请求。服务器随后回应这份证书的状态（有效、无效或未知）。

2. 数字证书的分类

目前，数字证书可用于电子邮件、电子贸易、电子基金转移等。数字证书的应用范围和效果目前还是有限的。数字证书通常分为个人证书、企业证书、软件证书。

（1）个人证书（Personal Digital ID）是为某个用户提供的证书，帮助个人在网上安全地进行电子交易操作。个人身份的数字证书通常安装在客户端的浏览器内，并通过安全的电子邮件进行交易操作。网景公司的"导航者"（Netscape Navigator）浏览器和微软公司的"网络探索者"浏览器（Internet Explorer）都支持该功能。个人数字证书是通过浏览器来申请获得的，CA 对申请者的电子邮件地址、个人身份证及信用卡号等进行核实后，就会发放个人数字证书，并将数字证书安置在用户所用的浏览器或电子邮件的应用系统中，同时也会给申请者发个通知。个人数字证书的使用方法是集成在用户的浏览器的相关功能中，用户其实只要做出相应的选择即可。

（2）企业证书，也就是服务器证书（Sevice ID），它是对网上的服务器提供的一个证书，拥有 Web 服务器的企业就可以用具有证书的因特网网站进行安全电子交易。拥有数字证书的服务器可以自动与客户进行加密通信，有证书的 Web 服务器会自动地将其与客户端 Web 浏览器通信的信息加密。服务器的拥有者（相关的企业或组织）有了证书，即可进行安全的电子交易。

服务器证书的发放较为复杂。因为服务器证书是一个企业在网络上的形象，是企业网络空间信任度的体现。权威的 CA 对每一个申请者都要进行信用调查，包括企业基本情况、营业执照、纳税证明等。要考核该企业对服务器的管理情况，一般是通过事先准备好的详细验证步骤逐步进行，如是否有一套完善的管理规范、是否有完善的加密技术和保密措施以及是否有多层逻辑访问控制、生物统计扫描仪、红外线监视器等，CA 经过考察后决定是否发放或撤销服务器数字证书。且在决定发放后，该服务器就可以安装

CA 提供的服务器证书，安装成功后即可投入服务。服务器得到数字证书后，就会有一对密钥，它与服务器是密不可分的，数字证书与这对密钥共同表示该服务器的身份，是整个认证的核心。

（3）软件（开发者）证书（Developer ID）通常为因特网中被下载的软件提供证书，该证书用于和微软公司合法化技术结合的软件，以使用户在下载软件时能获得所需的信息。

上述 3 类证书中前 2 类是常用的证书，第 3 类则用于较特殊的场合，大部分 CA 提供前两类证书，能完全提供各类证书的 CA 并不普遍。

数字证书的管理包括两方面内容：一是颁发数字证书，二是撤销数字证书。在一些情况下，如密钥丢失、被窃或者某个服务器变更，就需要一种方法来验证数字证书的有效性，要建立一份 CRL 并公之于众。由于数字证书也要有相应的有效期。为此，CA 一般都制订了相应的管理措施和政策来管理其属下的数字证书。

5.4.2 证书的用途

数字证书采用公钥密码系统，每个用户都有一个直属的私钥，并将其用于信息解密和数字签名。同时每个用户拥有一个公钥，可以对外界公开，用于信息加密和签名验证功能。

互联网电子商务系统必须确保非常可靠的安全性和机密性技术，也就是说，必须确保网络安全的 4 个主要要素，即信息传输的机密性、数据交换的完整性、所发送信息的不可否认性、交易者身份的确定性。

1. 使用数字证书保护电子邮件

安全/多用途网际邮件扩充协议（Secure/Multipurpose Internet Mail Extensions，S/MIME）是用于在因特网中发送安全电子邮件的协议。S/MIME 为电子邮件提供数字签名和加密功能，该协议允许不同的电子邮件客户端程序可以在彼此之间发送和接收安全的电子邮件，数字证书在电子邮件发送和接收中具有以下功能。

（1）保密性。使用收件人的数字证书对电子邮件进行加密，只有收件人才能阅读加密的电子邮件，并且因特网上传递的电子邮件也不会被盗。即使电子邮件发送错误，收件人也看不到电子邮件的内容。

（2）完整性。使用发件人的数字证书可以在发送之前对电子邮件进行数字签名，这样做不仅可以确定发件人的身份，还可以确定发送的信息在发送过程中是否被更改。

（3）身份认证。在因特网上发送电子邮件的两方无法在现实中见面，因此彼此的身份必须通过某种方法确定，发件人的数字证书可用于在传输之前对电子邮件进行数字签名以确定发件人的身份，而他人是无法进行模仿的。

（4）不可否认性。发件人的数字证书仅由发件人拥有，在邮件传输之前，发件人使用自己的数字证书对电子邮件进行了数字签名，因此，发件人无法否认自己发送过的电子邮件。

2. 安全终端保护

随着计算机网络技术的发展，电子商务的发展越来越快，在人们生活和生产中的应用也越来越广泛，用户终端和数据的安全性也越来越受到人们的关注，为了避免损坏或泄露终端数据信息，可以将数字证书作为一种加密技术用于终端保护。

首先，需要人们使用正版软件和硬件，正确配置系统和网络，并定期进行检查，以防止终端配置被非法篡改。其次，使用诸如防火墙之类的网络安全技术来隔离内部网络和外部网络，及时更新病毒库和杀毒软件，实时扫描终端系统中的病毒和安全漏洞，加强终端系统的安全保护。一旦发现可疑信息，就必须立即对其进行监视以防止其产生影响和造成损坏。最后，加强对接入终端的控制，使用加密和认证来增加信息破解的难度。用户可以设置基于数字证书以及动态加密的系统登录方法以验证系统；未经授权的用户无法访问终端系统，已授权的用户如果符合访问要求，则可以进行访问，确保接入终端的一致性。另外，有必要将终端网络和主网络分开，减少两者之间的数据交叉和组合，避免终端网络和主网络的相互影响，降低风险。

3. 代码签名保护

客户在网络上下载软件时，安装插件或者附件之前，需要确保所下载的内容完整真实，并且没有携带病毒或者被更改过。在传统的软件销售模式中，软件购买者可以通过检查产品外包装来确认应用程序来源的可靠性以及完整性。代码签名创建了一个数字"保护膜"，可以向客户证明负责该代码的公司或个人的身份，并确认自应用签名以来该代码从未被修改过。Symantec 代码签名使应用程序易于验证且不易被伪造或破坏，从而保护了品牌和知识产权。

4. 提供可信网站的验证服务

网站认证是第三方组织验证因特网网站提供的真实信息（例如身份、资格和域名）的服务。随着因特网时代的到来，电子商务、在线支付和在线交易逐渐改变了人们的生活方式和消费方式，假冒网站和网络钓鱼欺诈已成为对在线消费者权益的头号威胁。2011 年 7 月~2012 年 6 月，假冒网站等对全国 6169 万网民造成的损失不少于 308 亿元，为了将自己的常规网站与假冒网站、钓鱼网站区分开，网站认证已成为所有网站建设中的重要步骤之一，自身数据和信息的泄露严重影响了网络的安全性。如果用户对他们正在使用的网站有疑问，并且不确定该网站是否已被篡改或入侵，则可以使用数字证书技术。数字证书技术可以对不确定的网站进行验证和检查，从而增加了使用安全网站的可能性，避免了恶意网站、网络钓鱼网站和伪造网站造成的网络损失。

CA 颁发给网站的证书是一个证书链，它是一层证书，从根证书开始，逐层到达层级较低的 CA，最后一层是网站证书。浏览器收到服务器发送的证书后，需要验证其真实性，证书的签名是由签名算法和上级 CA 的私钥生成的，而不是由 CA 的私钥生成的。浏览器需要上级 CA 的公钥来解密签名，并将其与生成的指纹进行比较。上级 CA 的公钥存在于证书链上级 CA 证书的明文中。单个 X509 V3 公钥证书由以下部分组成。

（1）tbs Certificate (to be signed Certificate)，待签名证书。

（2）Signature Algorithm，签名算法。

（3）Signature Value，签名值。

其中在 tbs Certificate 中又包含有 10 项内容（见表 5-2），超文本传输安全协议（Hyper Text Transfer Protocol over Secure Socket Layer，HTTPS）在握手过程中以明文方式传输。

表 5-2　tbs Certificate 中的 10 项内容

序号	名称	描述
1	Version Number	版本号
2	Serial Number	序列号
3	Signature Algorithm ID	签名算法标识
4	Issuer Name	发行者
5	Validity period	有效时间
6	Subject name	证书主体名称
7	Subject Public Key Info	证书主体公钥信息，包含公钥算法和公钥值
8	Issuer Unique Identifier (optional)	发行商唯一标识
9	Subject Unique Identifier (optional)	主体唯一标识
10	Extensions (optional)	扩展

证书链由多个证书逐层组成，除了最低级别的网站证书的公共密钥（用于为用户加密消息）之外，其他层证书中的公共密钥都用于解密基础证书的指纹签名。顶级根证书是自签名的，即由其颁发给自己，因此公共密钥不仅用于解密较低层的签名，还用于解密其自己的签名。

验证证书真实性的任务已完成。如何验证证书是否可靠？简而言之，只要根证书是可靠的，整个证书链就是可靠的，并且根证书是否可靠取决于该根证书是否在操作系统或浏览器内置的受信任根证书中，如果是，则它是受信任的。

5. 身份授权管理

身份授权管理系统是信息系统安全的重要内容，对用户和程序提供相对应的授权管理服务、授权访问和应用的方法，而数字证书必须通过计算机网络的身份授权管理系统后才能被应用。因此，要保证身份授权管理系统的安全性。当系统双方相互认同时，身份授权管理系统的工作才能展开。同时，正确使用数字证书，适当授权，完成系统的用户认证，才能切实保护身份授权管理系统的安全性。

在各种应用程序系统中，通常需要完成对用户身份的验证，以确定谁在使用系统以及可以向用户提供什么操作权限。身份认证技术已经有了成熟的技术体系，使用数字证书来完成身份认证是当前十分安全和有效的技术手段。要使用数字证书完成身份认证，被认证方（A）必须首先在相关的 CA 申请数字证书，然后将证书提交给应用系统认证方（B）以完成身份认证。身份验证步骤如下：

（1）认证方（B）向被认证方（A）发送一个随机数；

（2）被认证方（A）使用自己的签名私钥，对认证方（B）提供的随机数进行加密；

（3）被认证方（A）将其数字证书和密文发送给认证方（B）；

（4）认证方（B）验证被认证方（A）提供的数字证书的有效期限和证书链，并完成黑名单检查。如果验证失败，它将放弃对被认证方（A）的身份认证；

（5）被认证方（A）通过对数字证书有效期限、证书链的验证和黑名单检查后，认证方（B）使用该数字证书解密被认证方（A）提供的密文，与前文所提的随机数进行对比，相同则表明被认证方（A）的身份认证成功。

5.5　SSL 认证技术

在信息安全领域中，一方面要确保信息的机密性，防止通信中的机密信息被攻击者窃取和破译（即防止攻击者对系统的被动攻击）；另一方面要确保信息的完整性和有效性。很明显，要确保与之通信的对方的身份是真实的，以确认信息在传输过程中是否已被篡改、伪装或拒绝（即防止攻击者对系统进行主动攻击）。

认证（Authentication）是指验证用户身份是否真实的过程，它是防止主动攻击的重要技术之一。这是使用可靠方法验证被验证对象（包括人和物）的身份是否真实且有效的过程，因此也称为标识或验证。认证技术的作用是了解清楚对象是谁，该对象可以是个人、代理机构或软件。认证过程是通过某种方式在因特网上实现的，其目的是确定对象身份的真实性并防止诸如伪造和篡改之类的入侵。认证技术不能自动提供机密性，而机密性也不能自然提供身份验证功能。

SSL 认证是指从客户端到服务器的认证，它主要用于提供用户和服务器的身份验证，加密和隐藏在客户端和服务器之间传输的数据,确保数据在传输过程中不发生更改,即保证数据的完整性,现在 SSL 认证已成为该领域的全球认证标准。

由于所有主流浏览器和 Web 服务器程序均已建立 SSL 技术,因此只需安装服务器证书即可激活此功能。也就是说,服务器证书可以激活 SSL 协议,实现客户端和服务器之间数据信息的加密传输,并防止数据信息的泄露。SSL 协议可以保证双方传输的信息的安全性,并且用户可以通过服务器证书验证他访问的网站是否真实可靠。

SSL 技术通过加密传输信息和提供身份验证的方式来保护网站。SSL 证书包括公共密钥和私人密钥,公钥用于加密信息,私钥用于解密信息。当浏览器指向安全域时,SSL 会同步确认服务器和客户端,并创建加密方法和唯一的会话密钥。他们可以发起一个安全会话,以保证消息的私密性和完整性。

5.5.1 工作原理

SSL 认证过程包括单向认证和双向认证。双向身份认证 SSL 协议要求服务器和用户都具有数字证书。单向身份认证 SSL 协议不需要客户端具有数字证书。与上述步骤相比,只需要删除服务器端验证客户端证书的过程,在协商对称密码方案和对称会话密钥时,服务器发送给客户端的是没有经过加密的密码方案。这样,双方之间通信的特定内容就是加密数据。如果发生第三方攻击,则第三方只会获得加密的数据,如果第三方想要获得有用的信息,则需要对加密的信息进行解密,这时要依靠密码方案的安全性了。幸运的是,只要通信密钥长度足够长,当前的加密方案就足够安全,这就是为什么我们强调使用 128 位加密通信。

通常,Web 应用程序使用 SSL 单向身份验证。原因很简单:用户数量众多,并且无须在通信层验证用户身份。通常,应用程序会对用户身份的合法性进行验证。但是,如果是在企业内部的应用程序对接,则情况会有所不同,并且可能要求客户端(相对而言)进行身份验证。此时,需要 SSL 双向身份验证。

1. SSL 单向认证过程

单向认证过程如图 5-1 所示。

(1)客户端将 SSL 协议版本号、加密算法类型、随机数等信息发送给服务器端。

(2)服务器端将 SSL 协议版本号、加密算法类型、随机数等信息返回给客户端,并返回服务器证书,即公钥证书。

(3)客户端使用服务器端返回的信息来验证服务器的合法性。验证通过后,通信将继续,否则通信将终止。验证内容包括以下内容。

① 验证证书是否已过期。

② 颁发服务器证书的 CA 是否可靠。

③ 返回的公钥是否可以正确解锁返回的证书中的数字签名。

④ 服务器证书上的域名是否与服务器的实际域名匹配。

（4）客户端向服务器端发送它可以支持的对称加密方案，以供服务器端选择。

（5）服务器端在客户端提供的加密方案中选择加密程度最高的加密方法。

（6）服务器端将选定的加密方法以明文形式返回给客户端。

（7）客户端收到服务器端返回的加密方案后，使用该加密方案生成一个随机码，用作通信过程中的对称加密密钥，并使用服务器端返回的公钥进行加密，然后发送加密的随机码到服务器端。

（8）服务器端收到客户端返回的加密信息后，使用自己的私钥解密并获得对称加密密钥。在下一个会话中，服务器端和客户端将使用此密钥进行对称加密，以确保通信过程中的信息安全。

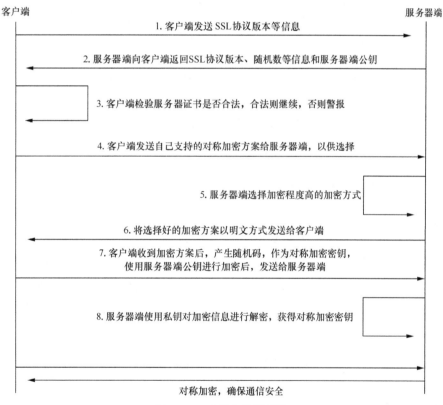

图 5-1　SSL 单向认证过程

2. SSL 双向认证过程

双向认证过程如图 5-2 所示。

（1）客户端向服务器端发送连接请求（SSL 协议版本号、加密算法类型、随机数和其他信息）。

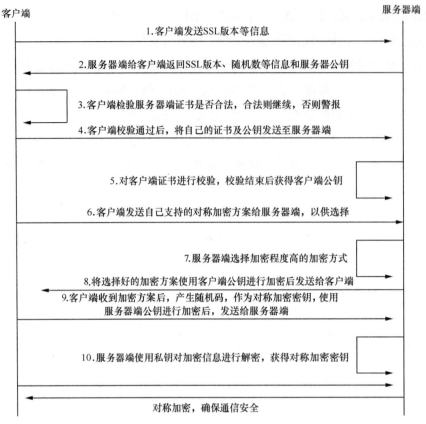

图 5-2　SSL 双向认证过程

（2）服务器端将证书（即公钥证书）以及有关证书的信息（SSL 协议版本号、加密算法类型、随机数等）返回给客户端。

（3）客户端使用服务器端返回的信息来验证服务器的合法性（首先检查服务器端发送的证书是否是由受信任的 CA 颁发的，然后比较证书中的消息，例如域名和公钥，与服务器刚发送的相关消息是否一致，如果一致，则客户端将判定服务器的身份合法），通过验证后，通信将继续，否则通信将终止。具体的验证内容包括以下内容。

① 证书是否已过期。

② 颁发服务器证书的 CA 是否可靠。

③ 返回的公钥是否可以正确解锁返回的证书中的数字签名。

④ 服务器证书上的域名是否与服务器的实际域名匹配。

（4）服务器要求客户端发送客户端的证书，客户端将自己的证书发送到服务器端。

（5）验证客户的证书，通过验证后，将获得客户的公钥。

（6）客户端向服务器端发送它可以支持的对称加密方案，以供服务器端选择。

（7）服务器端在客户端提供的加密方案中选择加密程度最高的加密方法。

（8）加密方法是使用之前获得的公共密钥（客户端的公共密钥）进行加密，然后返回给客户端。

（9）客户端收到服务器端返回的加密方案的密文后，使用自己的私钥对其进行解密，获取特定的加密方法，然后产生该加密方法的随机码作为对称加密密钥。使用之前从服务器证书中获得的公钥进行加密并发送到服务器端。

（10）服务器端收到客户端发送的消息后，将使用自己的私钥进行解密并获得对称加密密钥。在下一个会话中，服务器端和客户端将使用此密钥进行对称加密，以确保通信过程中的信息安全性。

5.5.2　Web 服务器的 SSL 安全性

浏览器在因特网中扮演着非常重要的角色，浏览器是用户访问因特网的重要窗口。用户访问网站时，必须在浏览器中输入正确的网站地址。如果遇到不安全的网站，浏览器将警告用户该网站存在隐患，则用户需要考虑是否继续访问该网站。因此，浏览器对客户端的安全性具有相当大的影响，将从用户的角度考虑，保护用户的利益。因此，安全连接意味着提高用户的网络安全性并创建更安全的因特网，许多企业和个人用户选择安装证书作为安全措施。

SSL 安全证书简单来讲是一种可以进行加密传输、身份认证的网络通信协议，通过在客户端浏览器与 Web 服务器之间建立一条 SSL 安全通道，对网络传输中的数据进行记录和加密，防止数据被截取或窃听，从而保证网络数据传输的安全性。

SSL 证书包括公共密钥和私人密钥：公共密钥主要用于信息加密，而私人密钥主要用于解密加密的信息。当浏览器指向安全域时，安装证书后，SSL 将同步确认客户端和服务器端，并在两者之间建立加密方法和唯一的会话密钥，从而可以保证双方信息的完整性。目前，大多数因特网仍使用传统的 HTTP 传输。使用这种类型的协议不能保证所传输信息的安全性，等同于"被暴露"的信息，这在当前网络中具有很大的安全风险。HTTPS 协议可以对传输的因特网信息进行加密，从而在一定程度上确保信息的安全性，在传输过程中黑客将不容易获得 HTTPS。

SSL 安全协议主要提供 3 个方面的服务。

（1）对用户和服务器进行身份验证，以便他们可以确保将数据发送到正确的客户端和服务器端。

（2）加密数据以隐藏传输的数据。

（3）维护数据的完整性，并确保在传输过程中数据不会被更改或替代。

为了提供具有真正安全连接的高速 SSL 交易，我们可以将 PCI 卡形式的 SSL 卸载设备直接安装在 Web 服务器上。这种方法的优点如下。

（1）提高了从客户端到 Web 服务器连接的安全性。

（2）整机吞吐量有了极大的提高。

（3）对密钥的管理和维护起到了简化的作用。

在实现电子商务以及其他的 Web 站点的服务器的安全性提高同时，增加 SSL 加速和卸载设备会极大地提高交易处理速度。但是服务器与设备之间的数据是没有经过加密的，原因是网络设备是作为应用程序被安装在网络中的。将 SSL 卸载设备作为 PCI 扩展卡直接安装在服务器上，以确保从浏览器到服务器的连接安全性。

SSL 可用于保护在线交易期间的敏感信息，例如信用卡号和股票交易明细。受 SSL 保护的网页具有前缀"https"，而不是标准的"http"前缀。

新型专用网络设备 SSL 加速器可以通过在优化的硬件和软件中执行所有 SSL 处理，来满足网站对性能和安全性的要求。具有 SSL 功能的浏览器（Netscape Navigator、IE）与 Web 服务器（Apache、IIS）通信时，它们使用数字证书来确认另一方的身份。数字证书由受信任的第三方（CA）颁发，并用于生成公共密钥。

初始身份验证完成后，浏览器将使用服务器的公共密钥加密的 48 字节主密钥发送到服务器，然后 Web 服务器使用自己的私有密钥解密该主密钥。最后，生成用于会话期间浏览器和服务器进行加密和解密的一组对称密钥。加密算法可以为每个会话显式地配置或协商加密算法，使用最广泛的加密标准是数据加密标准（Data Encryption Standard，DES）和 RC4。

一旦上述启动过程完成，就会建立安全通道，并且机密数据传输也可以开始。尽管初始身份验证和密钥生成对用户是透明的，但对于 Web 服务器而言却并非透明。由于服务器必须为每个用户会话执行启动过程，因此这会给服务器 CPU 带来沉重负担，并造成严重的性能瓶颈。根据测试，在处理安全 SSL 会话时，标准的 Web 服务器只能处理正常负载的 1%~10%。

本章小结

本章介绍了安全加密技术、信息加密技术原理，并详细介绍了加密技术在电子商务、VPN、身份认证及电子邮件中的应用，同时还介绍了数字证书的情况，最后介绍了 SSL 认证技术的原理以及其他在 Web 服务器中的应用。

本章习题

1. 加密技术的起源是什么？
2. 信息加密技术包含哪些？
3. 加密技术的应用主要有哪些？
4. 数字证书是什么？常见的用途有哪些？
5. SSL 认证工作原理是什么？

第6章

区块链技术

CHAPTER 6

▶ 学习目标

（1）区块链技术概述

（2）区块链模型

（3）网络通信层关键技术

（4）数字安全与隐私保护关键技术

（5）共识层关键技术

（6）区块链技术标准

（7）区块链面临的主要安全威胁

▶ 内容导学

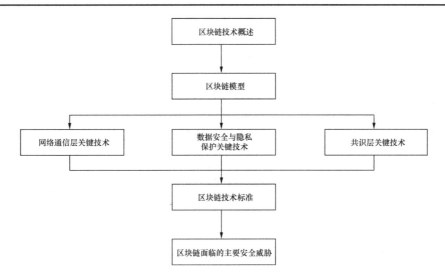

6.1 区块链技术概述

6.1.1 概述

区块链（Blockchain）是一种运行在无中心网络环境中、难以被篡改的分布式数字账本。区块链不存在一个中心化的存储结构，也不存在一个中心化的权威机构。区块链维护一个全局共享的账本，任何账本上记录的交易一旦发布则难以被修改，在账本上存在的时间越长，交易越难以被修改。区块链作为分布式数据存储、点对点传输、共识机制、密码算法等技术的集成，近年来成为许多国际组织及国家政府的研究热点，其应用已延伸到数字资产交易、征信服务以及供应链溯源等多个领域，受到全球的资本市场、工业企业和学术机构的高度关注。

6.1.2 区块链分类

目前来说，根据不同的应用场景以及用户需求，区块链大致可以分为公有链（Public Blockchain）、联盟链（Consortium Blockchain）以及私有链（Private Blockchain）3种形式。

1. 公有链

公有链是一种对任何参与者都开放的，无须任何权限许可的区块链，公有链中的参与者都拥有创造和发布区块、阅读区块链以及在区块链上发布交易的权利。因此公有链中的任何网络用户都有机会读取和写入账本信息。然而公有链对所有用户开放的特性也导致恶意用户可以通过发布错误区块的方式颠覆系统。为此，公有链通常使用多方协议或共识机制来达成全网区块信息的一致，该系统通常要求用户在尝试发布区块时付费或维护资源。通过此类措施，增加恶意用户攻击系统的代价，防止恶意用户轻易破坏系统。

2. 联盟链

联盟链（行业链）指在此类区块链上发布区块的成员必须是由授权机构授权认证的，因此此类区块链可以限制用户读取访问权限并限制用户发布交易。联盟链可以允许任何人阅读区块链，也可以严格限制用户的读取访问权限；可以允许任何人提交包含在区块链中的交易，也可以仅允许授权人员提交。联盟链可以具有与公有链一样的数字资产追溯能力以及分布式数据存储系统。此类区块链同样需要通过共识算法发布区块，但与公有链不同，此类区块链通常不需要花费大量资源或维护。在此类链中，维护区块链的人彼此之间有一定程度的信任，因为他们都被授权发布区块，并且如果他们行为不端，他们的授权可以被撤销。联盟链通常被需要严格控制和保护数字资产的组织或个人采用。

3. 私有链

私有链的写入权限由某个组织或者机构全权控制，所有网络节点仅由一家机构或组织掌握，数据读取权限受组织规定限制，要么对外开放，要么具有一定程度的访问限制。由于参与节点具有严格限制且少，与公有链和联盟链相比，私有链达成共识的时间相对较短、交易速度更快、效率更高、成本更低。不过这种类型的区块链更适合特定机构内部使用。

公有区块链应用系统具有如下 4 个特点。

（1）开放、共识、自治

任何人都可以参与到区块链网络，每一台设备都可以作为一个参与节点，区块链网络中的每个节点都被允许获得一份完整的数据库拷贝，网络节点之间是基于一套共识机制的，通过竞争计算共同维护整个区块链。任意一个节点失效，其余节点仍然能够正常工作。

（2）去中心、去信任

区块链是由众多节点共同组成一个端到端的网络，不存在中心化的设备和管理机构，节点之间进行的数据交换通过数字签名技术进行验证，无须互相信任，只要按照系统既定的规则进行，某个节点无法欺骗其他节点。

（3）交易透明，双方匿名

区块链的运行规则是公开透明的，所有的数据信息也是公开的，每一笔交易对所有节点均可见。由于节点与节点之间是去信任的，因此节点之间无须公开身份，每个参与节点都是匿名的。

（4）不可篡改，可追溯

区块链中单个甚至多个节点对数据库的修改无法影响其他节点。区块链的每一笔交易都通过密码学方法与相邻两个区块串联，因此可以追溯任何一笔交易的来龙去脉。

因此，细化对应到如下 4 个词。分布式的（Distributed）、自治的/共同约定的（Autonomous）、按照合约执行的（Contractual）、可追溯的（Trackable），四者简称为DACT 特征，这也正好对应到互联网的分享、透明、公平、公开四大特点。

但是，针对区块链系统的不同类型划分——公有链、联盟链和私有链，各自的特点又稍微有所区别，主要体现在是否开放、是否去信任这两点。例如，联盟链是半开放、去信任的。私有链是不开放的、相互信任的。

公有链、联盟链和私有链应用系统的特征对比如表 6-1 所示。

表 6-1 公有链、联盟链和私有链应用系统特征

公有链应用系统	联盟链应用系统	私有链应用系统
开放、共识、自治	半开放、共识、自治	不开放、共识、自治
去中心、去信任	去中心、去信任	去中心、相互信任
交易透明，双方匿名	交易透明，双方匿名	交易透明，双方匿名
不可篡改，可追溯	不可篡改，可追溯	不可篡改，可追溯

6.2 区块链模型

6.2.1 块链式数据结构

块链式数据结构，又被称为区块链账本，是一种特有的由数据"区块"链接而成的数据记录格式，每一个数据"区块"之间通过某个标志连接起来，从而形成一条数据块链。

6.2.2 Merkle 树

Merkle 树是一种散列二叉树，它可以快速校验大规模数据的存在性和完整性，一次性认证大量签名。在区块链网络中，Merkle 根被用来归纳一个区块中的所有交易信息，最终生成这个区块所有交易信息的统一的散列值，区块中任何一笔交易信息的改变都会使得 Merkle 根发生改变，利用这一点，可以确保和验证区块数据的完整性。

6.2.3 数据区块

随着技术的发展，区块链的数据结构也在不断演化，最近提出基于有向无环图（Directed Acyclic Graph，DAG）等数据结构来取代块链式存储，以提升其交易并发时的性能，相关技术实现包括 IOTA、Byteball 等。

6.3 网络通信层关键技术

6.3.1 P2P 网络

P2P 网络（对等网络），又被称为点对点技术，是没有中心服务器、依靠用户群交换信息的互联网体系。P2P 网络的核心思想是平等、自治和自由，在 P2P 网络里，每一个网络节点所具有的功能在逻辑上是完全对等的。每一个节点都可以对外提供全网所需的全部服务，同时也在使用别的节点为自己提供类似的服务。

6.3.2　路由发现协议

路由发现协议，又被称为"节点发现协议"，它使得区块链分布式网络中的节点可以彼此被发现并实现通信。网络路由的一个更重要的功能就是实现节点间的数据同步，节点通过向其邻近节点发送数据请求来获得最新的数据，节点间彼此都充当服务者和被服务者，通过这种方式，网络中的所有节点都会在某一个时刻达成数据上的一致。

6.3.3　分布式存储

区块链中的分布式存储是指参与的节点各自都有独立的、完整的数据存储。区别于传统的分布式存储，区块链的分布式存储具有一定的独特性。一是区块链的每个节点都按照块链式数据结构存储完整的数据。二是区块链每个节点的数据存储都是独立的、地位等同的，它依靠分布式节点的共识算法生成和更新数据，保证存储的一致性。

6.4　数据安全与隐私保护关键技术

6.4.1　散列函数

散列函数可将任意长度的资料经由散列算法转换为一组固定长度的代码，即能够实现数据从一个维度向另一个维度的映射。通常业界使用 $y=\text{hash}(x)$ 的表达式进行表示，该散列函数通过对 x 进行计算获得一个散列值 y。散列算法正向计算很容易，但是逆向计算（破解）极其困难，一般被认为不可能。

6.4.2　非对称加密算法

在区块链中，信息的传播通过公钥、私钥这种非对称加密技术实现交易双方的互相信任。非对称加密算法是一种密钥的保密方法，需要两个密钥：公钥和私钥。公钥与私钥是一对，如果用公钥对数据进行加密，只有用对应的私钥才能解密，这确保了数据的机密性；如果用私钥对数据进行签名，那么只有用对应的公钥才能解密，从而验证了信息的发出者是私钥持有者。

6.4.3　匿名保护算法

为了保护用户的隐私和信息安全，区块链采用了匿名保护算法。基于这种算法，虽然用户的交易信息在整个链上是公开透明的，但是账户信息是被保护起来的，未经授权的用户无法对其进行访问。

6.5 共识层关键技术

所谓共识，是指多方参与的节点在预设规则下，通过多个节点交互对某些数据、行为或流程达成一致的过程。区块链是一个历史可追溯、不可篡改、解决多方互信问题的分布式（去中心化）系统。分布式系统必然面临着一致性问题，而解决一致性问题的过程我们称之为共识。

分布式系统的共识达成依赖可靠的共识算法，共识算法通常解决的是分布式系统中由哪个节点发起提案，以及其他节点如何就这个提案达成一致的问题。我们根据传统分布式系统与区块链系统间的区别，将共识算法分为可信节点间的共识算法与不可信节点间的共识算法。

区块链作为一种按时间顺序存储数据的数据结构，可支持不同的共识机制，包括 PBFT、PoW、PoS、DPoS、PAXOS、RAFT 等算法。

6.5.1 实用拜占庭容错算法

PBFT，即 Practical Byzantine Fault Tolerance，中文为实用拜占庭容错算法。这是一种基于消息传递的一致性算法，算法经过 3 个阶段达成一致性，这些阶段可能因为失败而重复进行。与 PAXOS 类似，PBFT 也是一种采用"许可投票、少数服从多数"来选举领导者进行记账的共识机制，但该共识机制允许拜占庭容错。

PBFT 共识机制允许强监管节点参与，具备权限分级能力，性能更高、耗能更低，该算法每轮记账都会由全网节点共同选举领导者，允许 33%的节点作恶，容错性为 33%。PBFT 算法的缺点是通信量较大，很难支持大规模网络的使用。

6.5.2 工作量证明

PoW，即 Proof of Work，中文为工作量证明。该共识机制是通过评估你的工作量来决定你获得记账权的概率，工作量越大，就越有可能获得此次记账机会。

PoW 机制的优点是算法简单、破坏系统需要投入极大的成本，但缺点也很明显，即为了争夺记账权需要不停计算，耗电量巨大，造成了极大的能源浪费。

6.5.3 权益证明

PoS，即 Proof of Stake，中文为权益证明。这是一种由系统权益代替算力决定区块记账权的共识机制，拥有的权益越大则成为下一个区块生产者的概率也越大。

相对于 PoW，PoS 在一定程度上减少了大量数学运算带来的资源消耗，性能也得到了相应的提升，但依然是基于散列运算竞争获取记账权的方式，可监管性弱。

6.5.4　股份授权证明

DPoS，即 Delegated Proof of Stake，中文为股份授权证明。它把 PoS 中记账人的角色专业化，通过权益选出记账人，然后记账人之间轮流记账。DPoS 是 PoS 的一种变种算法，在该算法中只有公认具有较大权益的节点才能加入共识。

DPoS 的优点是能耗更低，同时可以获得更快的确认速度。在合规监管、性能、资源消耗和容错性上与 PoS 相似。

6.6　区块链技术标准

区块链作为一种跨行业、跨领域、基础性的创新应用模式，需要国际、行业标准来引导和支持区块链相关技术与产品的研发和应用。目前，国际标准化组织（ISO）、国际电信联盟（ITU）、电气与电子工程师协会（IEEE）、万维网联盟（W3C）、中国通信标准化协会（CCSA）等国际和行业标准化组织纷纷启动区块链标准化工作。

6.6.1　国际标准化组织相关标准

2016 年 9 月，ISO 成立了区块链和分布式记账技术标准化技术委员会（ISO/TC307），负责区块链及分布式记账技术的标准研制，主要工作范围是制定区块链和分布式记账技术领域的国际标准，以及与其他国际性组织合作研究区块链和分布式记账技术领域的标准化相关问题。截至 2021 年 8 月，其设立了 5 个工作组（WG）、2 个联合工作组（JWG）、2 个咨询组（AG）、1 个协调组（CAG）和 1 个专家组（AHG），包括参考架构分类及本体研究组、用例研究组、安全和隐私研究组、身份研究组、智能合约研究组、区块链与分布式账本技术系统治理研究组、区块链与分布式记账技术系统的互操作研究组等。截至 2019 年，共有 15 项左右的在研标准项目，详见表 6-2。

表 6-2　ISO/TC 307 现阶段标准研制情况

序号	英文名称	中文名称
1	ISO/AWI 22739 Blockchain and distributed ledger technologies—Terminology and concepts	区块链和分布式记账技术——术语和概念
2	ISO/NP TR 23244 Blockchain and distributed ledger technologies—Overview of privacy and personally identifiable information (PII) protection	区块链和分布式记账技术——隐私和个人可识别信息（PII）保护概述
3	ISO/NP TR 23245 Blockchain and distributed ledger technologies—Security risks and vulnerabilities	区块链和分布式记账技术——安全风险和漏洞
4	ISO/NP TR 23246 Blockchain and distributed ledger technologies—Overview of identity	区块链和分布式记账技术——身份概览

序号	英文名称	中文名称
5	ISO/AWI 23257 Blockchain and distributed ledger technologies—Reference architecture	区块链和分布式记账技术——参考架构
6	ISO/AWI TS 23258 Blockchain and distributed ledger technologies—Taxonomy and Ontology	区块链和分布式记账技术——分类和本体
7	ISO/AWI TS 23259 Blockchain and distributed ledger technologies—Legally binding smart contracts	区块链和分布式记账技术——合规性智能合约
8	ISO/TR 23455:2019 Blockchain and distributed ledger technologies—Overview of and interactions between smart contracts in blockchain and distributed ledger technology systems	区块链和分布式记账技术——区块链和分布式记账技术系统中智能合约的交互概述
9	ISO/CD TR 3242 Blockchain and distributed ledger technologies—Use cases	区块链和分布式记账技术——用例
10	ISO/AWI TR 6039 Blockchain and distributed ledger technologies—Identifiers of subjects and objects for the design of blockchain systems	区块链和分布式记账技术——用于区块链系统设计的主题和对象的标识符
11	ISO/AWI TR 6277 Blockchain and distributed ledger technologies—Data flow model for blockchain and DLT use cases	区块链和分布式记账技术——区块链和 DLT 用例的数据流模型
12	ISO/TR 23576 Blockchain and distributed ledger technologies—Security management of digital asset custodians	区块链和分布式记账技术——数字资产保管人的安全管理
13	ISO/DTS 23635 Blockchain and distributed ledger technologies—Guidelines for governance	区块链和分布式记账技术——治理准则
14	ISO/AWI TR 23642 Blockchain and distributed ledger technologies—Overview of smart contract security good practice and issues	区块链和分布式记账技术——智能合约安全性最佳实践和问题概述
15	ISO/WD TR 23644 Blockchain and distributed ledger technologies—Overview of trust anchors for DLT-based identity management (TADIM)	区块链和分布式记账技术——基于 DLT 的身份管理（TADIM）的信任锚概述

6.6.2 国际电信联盟相关标准

2017 年，ITU-T 成立了多个焦点组和研究组进行区块链技术与应用研究，从不同领域开展区块链应用标准化工作。

ITU-T 的 SG13、SG16、SG17 和 SG20 等研究组分别从未来网络、多媒体应用、安全与标识、物联网与智慧城市等领域着手研究区块链应用的标准化，同时，ITU-T 还成立了分布式账本焦点组（FG DLT）、数字金融服务焦点组（FG DFS）、法定数字货币焦点组（FG DFC）和数据处理与管理焦点组（FG DPM）等几个焦点组，分别从区块链应用分析、数字金融服务应用、数字货币应用和区块链数据处理等领域研究区块链技术与标准化问题。该组织目前已提出 10 多项区块链国际标准项目。

6.6.3 电气电子工程师学会相关标准

2017 年，IEEE 成立了区块链资产交易委员会，成立了多个区块链相关的工作组，包括区块链反贪污工作组、区块链电子发票工作组、可信物联网数据管理工作组和区块链工作组等。主要开展区块链资产交易相关的国际标准的制订工作，已启动的区块链项目如表 6-3 所示。

表 6-3　IEEE 启动的区块链项目情况

序号	英文名称	中文名称
1	IC17-002-01 Digital Inclusion through Trust & Agency (DITA)	IC17-002 通过信任和代理实现数字普惠
2	IC17-012-01 Supply Chain & Trials Standardized Technology and Implementation	IC17-012 供应链技术与实施
3	IC17-017-01 Blockchain Asset Management	IC17-017-01 区块链资产交易
4	P825^{TM} Guide for Interoperability of Transactive Energy Systems with Electric Power Infrastructure	P825^{TM} 电力基础设施与传导式能源系统的互操作性指南
5	P2418^{TM} Standard for the Framework of Blockchain Use in Internet of Things (IoT)	P2418^{TM} 区块链在物联网中的应用框架标准
6	P2418.2 Standard for the Framework of Distributed Ledger Technology (DLT) Use in Agriculture (Food Supply Chain Safety)	P2418.2 分布式账本技术（DLT）在农业领域的应用框架标准（食品供应链安全）（正在筹备）
7	P2418.3 Standard for the Framework of Distributed Ledger Technology (DLT) Use in Connected and Autonomous Vehicles	P2418.3 分布式账本技术（DLT）在自动驾驶领域的应用框架（正在筹备）
8	P2418.4 Standard Data Format for Blockchain Systems	P2418.4 区块链数据格式规范（正在筹备）

6.6.4 万维网联盟相关标准

2016 年 7 月，W3C 设立区块链社区组，开展区块链应用与标准化研究，探讨分布式记账技术在 Web 中的应用及为 Web 技术带来的新发展，分析基于区块链技术的 Web 应用的案例和标识等标准化问题；并成立了数字验证、区块链间通信等研究小组，负责研究和评估与银行间通信等区块链新技术，制定区块链的消息格式标准，以及公有链、私有链、侧链和内容分发网络（CDN）存储的使用方法。

6.6.5 全球移动通信系统协会相关标准

2017 年 7 月，GSMA 在 IG（Internet Group）中启动了 *Blockchain: Opportunities for enhanced operators' propositions* 研究报告，分析了区块链的技术特点、在运营商行业中的应用场景、商业机会、投资分析和建议。GSMA 重点关注区块链技术在通信领域中的应用，相关工作组也在各自的领域探讨区块链的应用，FASG（Fraud and Security Group）在探讨使用区块链技术防诈骗、增强网络安全、进行用户身份认证及增强通信安全；IDS（Interoperability Data specifications and Settlement Group）在探讨使用区块链技术作为计费结算方案技术基础的可行性。此外，GSMA 还致力于推动区块链在电信业领域的应用，同时与 CBSG（Carrier Blockchain Study Group）合作，共同推动特定的应用场景和应用方案探索，目前已启动的有 IoT、漫游、支付、汇款等方面的应用。

6.6.6　区块链和分布式记账技术标准化技术委员会相关标准

2016 年，中国区块链技术和产业论坛成立了区块链和分布式记账技术标准工作组，积极开展区块链和分布式记账技术领域的标准化工作。2020 年，国家标准化管理委员会成立了全国区块链和分布式记账技术标准化技术委员会，结合区块链应用场景和技术架构，提出了建立区块链标准体系框架的建议。

区块链安全方面的标准，主要用于指导实现区块链的隐私和安全以及身份认证，包括信息安全指南、身份认证机制、证书存储和 KYC 等方面的标准。区块链国家标准体系表如图 6-1、图 6-2 所示。

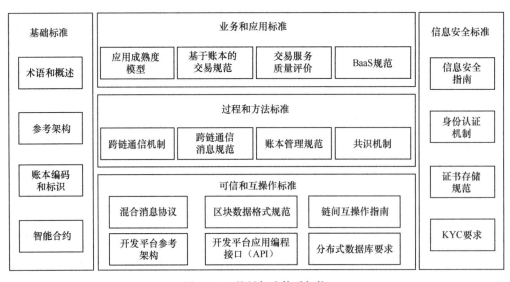

图 6-1　区块链标准体系架构

2017 年 12 月，国内首个区块链领域的国家标准《信息技术区块链和分布式账本技术参考架构》正式立项，也标志着我国进一步加快了区块链标准化的步伐。该标准作为区块链领域重要的基础性标准，目标是帮助业界建立对区块链的共识，为各行业选择、开发和应用区块链提供指导和参考，其内容包括区块链的关键术语、用户视图、功能视图、共同关注点、关键特征、服务能力类型、部署模式等。

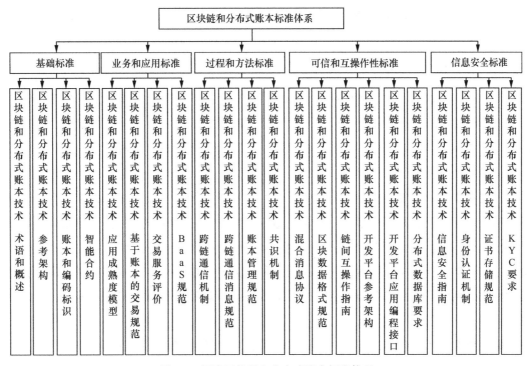

图 6-2　国家区块链和分布式账本标准体系

6.6.7　中国通信标准化协会（CCSA）相关标准

CCSA 已陆续开展区块链相关课题的研究，TC1 正开展"区块链技术研究"研究项目、"区块链总体技术要求""区块链通用测评指标和测试方法"标准项目，TC11 开展了"基于区块链技术的数据处理平台"研究项目，TC8 开展了"区块链开发平台网络与数据安全技术要求""区块链数字资产存储与交互防护技术规范"标准项目，"基于区块链技术的 PKI 系统研究"研究项目。

目前，国内外标准化组织的区块链研究均处于起步阶段，在区块链安全方面，重点启动总体研究类标准，暂未启动或发布具体的区块链安全机制和协议类标准。现有的研究类标准主要有"区块链平台安全机制与协议研究""区块链开发平台网络与数据安全技术要求""基于区块链技术的数据处理平台研究""基于区块链技术的去中心化物联网业务平台框架""基于区块链技术的去中心化物联网业务参考框架""区块链在移动互联汽车数据应用中的研究""基于区块链的物联网数据交换与共享技术分析"。

6.7 区块链面临的主要安全威胁

6.7.1 数据层安全威胁

6.7.1.1 密钥安全威胁

区块链技术体系采用非对称加密技术对区块链交易进行签名和认证，通过特定算法得到的一个密钥对，即公共密钥（PublicKey）和私有密钥（PrivateKey）。使用这个密钥对的时候，如果用其中一个密钥加密数据，则必须用另一个密钥进行解密。

私钥在区块链中的主要作用就是通过数字签名进行用户身份鉴定。当区块链交易发生时，交易发起方对交易信息进行散列计算，得到交易摘要信息，并将此摘要信息使用用户私钥进行加密，得到的就是此交易的数字签名结果。然后该用户将交易原文和数字签名一起广播至区块链网络，其他区块链节点收到后使用此用户的公钥对数字签名进行验证，得到交易摘要信息，然后对交易原文使用同样的散列计算方法计算摘要信息，如果与解密得到的交易摘要信息一致，则说明此交易信息是由交易发起方发出且内容未经篡改。

通过私钥在区块链交易过程中的作用可以看出，私钥完全代表着用户的身份，谁拥有了此私钥，谁就获得了此用户的所有资产、权益和数据。所以保护私钥安全是区块链安全保护过程中最关键的部分，私钥的丢失或泄露也就意味着用户丢失了一切。由于私钥在区块链体系中的重要性，攻击者一旦获取私钥就能拥有用户的身份和所有资产。主要的私钥风险如下。

（1）私钥丢失

由于用户保管不善，私钥被遗忘、删除、误修改等，再因为区块链技术体系具有去中心化的特点，而且其完全由随机数生成，所以私钥一旦丢失或删改用户将无法通过其他方式找回，和此私钥相关的数字资产和数据将成为"僵尸"，无法被移动和使用。例如在 2013 年，英国一名 IT 员工，误将存有比特币钱包秘钥的硬盘当作垃圾扔掉了，损失 7500 枚比特币，无法找回。

（2）私钥窃取

外部攻击者和内鬼通过各种网络攻击手段对用户私钥进行窃取，从而控制区块链用户节点，可以轻易转移此用户的数字资产或对数据进行操作修改。近年来，多家数字货币金融机构频遭黑客入侵或内鬼攻击，大部分的攻击模式都是攻击者通过窃取用户私钥从而转移用户的数字资产。

（3）私钥劫持

攻击者没有能够直接窃取私钥，但是通过控制私钥功能的使用进行数字签名，同样可以实现对区块链用户节点的控制。此种形式的攻击主要通过网络渗透、木马等形式进行实现。区块链私钥安全问题主要需要考虑安全保存和安全使用两个方面。在安全保存方面，目前常见的私钥保存方式主要分为离线保存和在线保存两种；在安全使用方面，主要需要对私钥的数字签名过程进行有效管控，避免攻击者具有使用私钥进行数字签名的权限。通常通过限制用户权限的方式限制攻击者，并设置不同的安全规则，如多重签名规则、上限规则、白名单规则等。

值得注意的是，即使对私钥进行了加密并配置了相应的安全规则，如果全部采用软件实现，实际上仍然不安全，攻击者或者拥有较高权限的内鬼一旦控制了操作系统，仍然可能获取密钥明文，或者修改、绕开这些安全规则。目前，少量研究者正在积极探索使用可信执行环境（Trusted Execution Environment，TEE）的相关技术，如采用 HSM 专用硬件板卡，Intel SGX 等芯片级硬件加密技术对私钥的使用过程进行保护，将私钥的保存和使用过程从操作系统层面进行隔离，确保私钥的使用过程不被攻击者窥探和控制，从而能够为私钥保护提供物理级别的高安全性。

6.7.1.2 算法安全威胁

算法安全威胁包括随机数算法漏洞所带来的威胁和量子计算抵抗带来的威胁。

（1）随机数算法漏洞

区块链中的算法曾经出现过随机数漏洞，对于区块链而言，随机算法十分重要，可使用密码学安全的随机数（甚至是真随机数）来生成私钥。对于大额资产来说，甚至应考虑通过离线、断网等冷存储的方式来保管私钥。签名也需要安全保障，签名交易时同样需要随机数，该随机数的品质决定了私钥的安全。但是，不同的币种实现各自随机算法的过程不同，有的采用了浏览器服务器端随机数函数 Math.Random()，有的采用键盘输入或者鼠标点击生成对应函数，有的采用了单词语句的方式等，进而导致随机数算法漏洞，发生被攻击事件。同时，在区块链中采用的非对称加密算法可能会随着数学、密码学和计算技术的发展而变得越来越脆弱，进而导致算法本身出现安全风险。此外，区块链中的加密算法在使用及实现过程中存在安全风险。由于区块链大量应用了各种密码学技术，属于算法高度密集工程，在实现上较容易出现问题。例如，美国国家安全局（NSA）对 RSA 加密算法事先植入后门，使其能够轻松破解别人的加密信息。一旦暴发这种级别的漏洞，区块链的基础都将不再安全，后果极其可怕。另外，根据理论分析，如果在签名过程中两次使用同一个随机数，就能推导出私钥。

（2）量子计算抵抗

量子计算对现有公钥加密产生了颠覆性的影响，将出现算法安全威胁。2017 年，IBM

宣布成功搭建和测试了两种新机器，进行量子计算。

6.7.2 网络层安全威胁

区块链系统本身还面临着病毒、木马等恶意程序的威胁，以及大规模 DDoS 攻击、DNS 污染、路由广播劫持等传统网络层的安全威胁。具体地，攻击者为了窃取数字货币可以采用伪造 BGP 路由广播进行劫持的方法。另外，区块链系统被攻击者作为攻击目标，通过发起 DDoS 攻击导致区块链系统暂时无法提供服务。网络层安全威胁包括 BGP 路由广播劫持的威胁和伪造数字签名的威胁等。

（1）BGP 路由广播劫持

攻击者在入侵云服务之后，向其对等网络发出了假的路由广播，对等网络未怀疑，接受了路由通知，导致数字货币网站域名的一部分流量重定向到钓鱼网站，产生了一定的安全威胁。

（2）伪造数字签名

攻击者通过病毒伪造企业的数字签名，避开杀毒软件查杀，同时窃取用户"虚拟货币"的数据信息，并利用用户计算机疯狂挖矿，生产"虚拟货币"，而且还会通过远程操控伺机对用户进行勒索，造成安全威胁。

6.7.3 共识层安全威胁

区块链的核心是参与者之间的共识机制。共识之所以关键，是因为它能使参与者在没有中心机构参与的情况下，基于一定的规则保障彼此数据的一致性。区块链主流的共识算法有工作量证明（PoW）、权益证明（PoS）、股份授权证明（DPoS）、拜占庭容错（PBFT、SBFT、VBFT）等。在区块链系统中，采用不同的具体共识算法时，区块链系统不仅会面临开放性与去中心化带来的通用安全威胁，也会面临具体共识算法设计带来的特殊安全威胁，其中通用的共识层安全威胁如下。

（1）拒绝服务攻击（DoS）

拒绝服务攻击通过向节点发送大量的数据（比如发送大量的小额交易请求从而导致系统无法处理正常的交易）导致节点无法处理正常的数据。

（2）女巫攻击

女巫攻击（Sybil Attack）则是通过控制网络中的大部分节点来削弱正确数据冗余备份的作用。女巫攻击最早是由微软研究院的 John Douceur 提出的。John 指出，女巫攻击之所以存在，是因为计算网络很难保证每一个未知的节点都是一个确定的、物理的计算机。各种技术被用来保证网络上计算机的身份，例如，认证软件（Ver Sign）利用 IP 地址识别节点，设置用户名和密码。然而，模仿无处不在，无论在现实社会中还是虚拟社会中。

（3）双花攻击

双花攻击（Double Spend Attack）是指攻击者通过控制一定比例的、保障系统安全性的各种资源（如计算资源、加密货币资源等）从而实现在执行交易（如执行花费代币或执行智能合约）后将其回滚，例如攻击者在公有链中签名并广播一笔交易向交易所发送代币，并同时在自己的私有链上广播一个将代币发送到自己钱包的交易，然后调动大量算力挖掘私有链，当交易所确认存款后，立即对私有链进行广播。当攻击者拥有可观的算力，私有链长度有一定概率超过公有链，导致分叉发生，发往交易所的代币大概率失效。

（4）定向攻击

在共识算法中如果人们通过多种方式（参考算力/权益占比、操控随机数的生成）预知下一个区块的提案者身份，那么就可能会引来定向攻击（Advanced Persistent Threat, APT），黑客可能用各种手段去攻击下一个区块的提案者，使得提案者无法出块或者攻击者对该节点进行劫持。

（5）审查威胁

通过共识算法所选举出的区块生成者在选择入块的交易时可能会摒弃公平性的原则而有选择性地抛弃合法的交易，甚至提议选择错误的交易，这一威胁基于共识算法选举的随机性而变化，随机性越差，发生审查问题的概率越大，该威胁对于拜占庭容错共识协议领导选举的随机性提出了更高的要求。

而对应主流共识算法（以 PoW 和 PoS 为例），区块链系统节点往往面临以下特殊的安全威胁。

（1）自私挖矿攻击

以 PoW 作为主要共识算法的区块链协议常常会面临自私挖矿（Selfish Mining）的风险，行为不端的矿工会通过以下方式浪费计算资源：当其发现新的有效区块时，并不立即向全网广播，而是继续进行挖矿，并尝试在其他矿工挖到新区块之前挖到更多的区块；当其他矿工挖到有效区块时，攻击者便立即向全网广播之前持有的有效区块。但一些研究人员认为，在实际操作中实现这种攻击并非易事。

（2）长程攻击

在长程（Long-Range）攻击中，攻击者通过控制一定比例的系统资源，在历史区块甚至是创始区块上对区块链主链进行分叉，旨在获取更多的区块奖励，或者达到回滚交易的目的。这种攻击更多的是针对基于权益证明共识机制（PoS/DPoS）的系统。即使攻击者可能在分叉出现时仅持有一小部分的代币，但他可以在分叉上自由地进行代币的交易，从而导致攻击者能够更加容易地进行造币并快速地形成一条更长的区块链。

（3）币龄加和攻击

币龄加和攻击（Coin Age Accumulation Attack）是指，在基于 PoS/DPoS 共识机制

的系统中，攻击者可以利用币龄来计算节点权益，并通过总消耗的币龄确定有效的区块链。未花费交易输出（Unspent Transaction Outputs，UTXO）的币龄是根据币龄乘以该区块之前的历史区块的数量得出（比如点点币）。在币龄加和攻击中，攻击者将其持有的代币分散至不同的 UTXO 中，并等待直至其所占权益远大于节点平均值。这样，攻击者有极大的可能性连续进行造币，从而达到对主链的分叉或交易回滚（如实施双花攻击）的目的。

（4）预计算攻击

在 PoS/DPoS 共识机制中，能否解密当前区块取决于前一个区块的散列值。拥有足够算力和权益的攻击者可以在第 h 个区块的虚拟挖矿过程中，通过随机试错法对该区块的散列值进行干涉，直至攻击者可以对第 $h+1$ 个区块进行挖矿。这就是所谓的预计算（Pre-computation）攻击。通过这个方法，攻击者可以连续进行造币，并获取相对应的区块奖励或者发起双花攻击。

（5）账本分叉（Nothing-at-stake）攻击

在早期的区块链应用中，PoS 算法只为创造区块提供奖励，且没有惩罚措施，这容易导致不好的结果。在出现多条区块链相互竞争的情况下，会激励验证者在每条链上都创造区块，以确保获得区块奖励。在 PoS 中，如果所有参与者都唯利是图，即使没有攻击者，区块链也可能达不成共识。在 PoS 中如果有攻击者的话，攻击者只需要拥有比无私节点（只在原链上下注）更多的算力，无须理会理性节点（在原链和攻击者的链上都下了注）。相比之下，在工作量证明中，攻击者必须拥有比无私节点和理性节点更多的算力。

6.7.4　合约层安全威胁

智能合约的安全问题将会对整个区块链应用的落地产生极大的影响。

将智能合约已经发现的典型安全漏洞总结如下。

（1）整数溢出类：数学运算的上溢出和下溢出都将造成计算结果的不可预测，从而导致数字交易系统的混乱，如加法、乘法、指数运算的上溢出，减法运算的下溢出。

（2）拒绝服务类：合约函数由于某种条件限制不能进行响应或函数断言无法满足，导致合约函数不能被其他人调用，如使用攻击合约导致正常合约无法完成正常功能的执行流程。

（3）竞态条件类：重入漏洞、交易顺序依赖漏洞等运行过程会导致竞态条件漏洞，如数据更新与转账交易操作事件先后顺序错误。

（4）底层函数误用类：对某些可以触发第三方函数调用的合约函数，如果不加调用参数限制，可能导致攻击者组装参数发起函数调用攻击，如用户对 call 和 delegate call 的误用。

（5）权限验证错误类：合约中对于函数调用者、权限拥有者等没有进行准确的验证，如错误使用 tx.origin 进行用户身份鉴权。

（6）算法缺陷类：伪随机数算法的使用导致不能达到随机的目的，容易被攻击者利用并被攻击者攻击。

（7）用户错误使用类：用户没有按照官方要求正确使用合约函数，造成错误的执行结果，如授权函数、交易日志被用户错误地使用。

（8）可见性声明类：没有正确地声明智能合约接口的可见性。如用户对 public 及 private 的错误使用。另外区块链数据透明的特点意味着智能合约中的变量和接口都是可见的，错误地理解这个特性就会被攻击者利用。

（9）其他：短地址攻击、无限制增发和销毁、合约拥有者权限过大等漏洞，以及不断被攻击者发现的各种安全漏洞。

总之，承载着巨大资产的智能合约存在的安全漏洞、合约开发人员开发的具有低级错误和漏洞的合约代码、很多合约函数被全盘复制等智能合约的安全问题将会导致区块链的安全生态被破坏。大量安全事件发生后，资本、项目方、交易所等对于智能合约安全问题的重视程度大大提高，智能合约安全技术的研发和完善迫在眉睫，在区块链上部署智能合约前进行第三方安全公司的安全审计是一个必然的趋势。

6.7.5　应用层安全威胁

应用层安全威胁包括：应用开发的代码漏洞带来的安全威胁；应用实现的业务设计缺陷导致的安全威胁。具体如下。

（1）应用实现代码漏洞

区块链应用实现的代码漏洞带来的安全威胁包括不安全的随机数、不安全的 JNI、空指针解引用、反射型跨站脚本、流资源未释放、类的构造函数未对成员进行初始化、易误用的身份认证等。国家互联网应急中心（CNCERT）在 2016 年 10 月选取了 25 款具有代表性的区块链软件进行检测，在代码层面发现高危安全漏洞和安全隐患共 746 个，中危漏洞共 3497 个，这些安全漏洞和安全隐患可能会导致系统运行异常、崩溃，也可能使攻击者实现越权访问、窃取隐私信息等。因此，区块链系统应用实现的代码漏洞会带来非常严重的安全威胁。

在被检测的 25 个项目中，出现最多的两类高危安全漏洞是不安全的随机数（21.72%，162 个）和不安全的 JNI（16.22%，121 个）。其他几类高危安全漏洞分别为空指针解引用、反射型跨站脚本、流资源未释放、类的构造函数未对成员进行初始化、易误用的身份认证。

对于区块链软件来说，加密功能是维护整个分布式账本安全的核心功能，"不安全的随机数"问题将严重降低软件抵御加密攻击的能力，导致如易于猜测的密码、可预测的加密密钥、会话劫持攻击和 DNS 欺骗等严重安全漏洞。

（2）应用业务设计缺陷

应用实现的业务设计缺陷导致的安全威胁。例如，Mt.Gox 平台由于在业务设计上存在单点故障，所以其系统容易遭受 DoS 攻击。另外，区块链是去中心化的，而交易所是中心化的。中心化的交易所除了要防止技术盗窃外，还得管理好人，防止人为盗窃。

本章小结

本章介绍了区块链技术、区块链模型，并针对区块链中的核心技术进行了介绍，包括网络通信层关键技术、数据安全与隐私保护关键技术等，还系统地梳理了区块链标准的制定与发展情况，以及区块链技术目前面临的安全风险。

本章习题

1. 区块链分类有哪些？
2. 区块链模型包含哪些？
3. 网络通信层关键技术主要有哪些？
4. 数据安全与隐私保护关键技术有哪些？
5. 哪些组织启动了区块链标准化工作？
6. 区块链技术目前面临的安全风险有哪些？

缩略语

3DES	Triple Data Encryption Algorithm	三重数据加密算法
A		
ACL	Access Control Lists	访问控制列表
ADSL	Asymmetric Digital Subscriber Line	非对称数字用户线路
AES	Advanced Encryption Standard	高级加密标准
ASLR	Address Space Layout Randomization	地址空间分布随机化
C		
CA	Certificate Authority	证书授权中心
CF	Content Filter	内容过滤
CRC	Cyclic Redundancy Check	循环冗余校验
CRL	Certificate Revocation List	证书撤销列表
CSRF	Cross-site request forgery	跨站请求伪造
D		
DCT	Discrete Cosine Transform	离散余弦变换
DDN	Digital Data Network	数字数据网
DDoS	Distributed Denial of Service	分布式拒绝服务
DEP	Data Execute Prevention	数据执行保护
DES	Data Encryption Standard	数据加密标准
DMZ	Demilitarized Zone	非军事化区
DPI	Deep Packet Inspection	深度包检测技术
DWT	Discrete Wavelet Transform	离散小波变换
E		
EBP	Extend Base Pointer	扩展基址指针寄存器
EFF	Electronic Frontier Foundation	电子前沿基金会
EIGRP	Enhanced Interior Gateway Routing Protocol	增强内部网关路由协议
EIP	Extend Instruction Pointer	扩展指令指针寄存器
ESP	Extend Stack Pointer	扩展栈指针寄存器

续表

	F		
FDDI	Fiber Distributed Data Interface	光纤分布式数据接口
FTP	File Transfer Protocol	文件传输协议
	H	
HTTP	Hyper Text Transfer Protocol	超文本传输协议
HTTPS	Hyper Text Transfer Protocol over Secure Socket Layer	超文本传输安全协议
	I	
ICP	Internet Content Provider	网络内容服务
IDS	Intrusion Detection System	入侵检测系统
IP	Internet Protocol	互联网协议
IPS	Intrusion Prevention System	入侵防御系统
IPv6	Internet Protocol Version 6	互联网协议第 6 版
IPX	Internetwork Packet Exchange protocol	互联网分组交换协议
	L	
LAN	Local Area Network	局域网
LIFO	Last In First Out	后进先出
	N	
NIST	National Institute of Standards and Technology	美国国家标准与技术研究院
	O	
OCSP	Online Certificate Status Protocol	联机证书状态协议
OPSEC	Open Platform for Security	开放安全体系结构
OSI	Open System Interconnection	开放式系统互联
OSPF	Open Shortest Path First	开放式最短路径优先协议
	P	
P2P	Point to Point	点对点
PEB	Process Environment Block	进程环境块
PKI	Public Key Infrastructure	公钥基础设施
	R	
RIP	Routing Information Protocol	路由信息协议
RPC	Remote Procedure Call	远程过程调用
	S	
S/MIME	Secure/Multipurpose Internet Mail Extensions	安全/多用途网际邮件扩充协议
SMTP	Simple Mail Transfer Protocol	简单邮件传输协议
SPX	Sequenced Packet Exchange	序列分组交换协议
SQL	Structured Query Language	结构化查询语句
SSL	Secure Sockets Layer	安全套接层

	T	
TCP	Transmission Control Protocol	传输控制协议
TEB	Thread Environment Block	线程环境块
	U	
UDP	User Datagram Protocol	用户数据报协议
URL	Uniform Resource Locator	统一资源定位符
UTM	Unified Threat Management	统一威胁管理
	V	
VPN	Virtual Private Network	虚拟专用网络
	W	
WAN	Wide Area Network	广域网
WWW	World Wide Web	万维网
	X	
XSS	Cross Site Scripting	跨站脚本

参考文献

[1] 梁艳华. 计算机通信信息不可否认性[J]. 黑龙江科技信息，2012, 18:95.

[2] Shannon C E. A Mathematical Theory of Communication[J]. Bell System Technical Journal, 1948, 27(4):623-656.

[3] Shannon C E. Communication Theory of Secrecy System[J]. Bell System Technical Journal.1949,28(4):656-715.

[4] A.Kerkhoffs. La Cryptographie Militaire[J]. Journal des Sciences Militaires, 1883, 9:5-38.

[5] 刘振华，尹萍. 信息隐藏技术及其应用[M].北京：科学出版社，2001.

[6] 汪小帆. 信息隐藏技术——方法与应用[M]. 北京：机械工业出版社，2001.

[7] 吴礼发，洪征,李华波. 网络攻防原理与技术[M]. 北京：机械工业出版社，2012.

[8] 杨东晓，张锋，段晓光，马楠. 漏洞扫描与防护[M]. 北京：清华大学出版社，2019.

[9] 诸葛建伟. 网络攻防技术与实践[M]. 北京：电子工业出版社，2011.

[10] 王清.0day 安全：软件漏洞分析技术[M]. 北京：电子工业出版社，2011.

[11] 刘哲理，李进，贾春福. 漏洞利用及渗透测试基础[M]. 北京：清华大学出版社，2017.

[12] 张勇. 刍议防火墙网络安全[J].科技致富向导，2011(11).

[13] 张宏科. 路由器原理与技术[M]. 北京：国防工业出版社，2005.

[14] 张然，钱德沛，过晓兵. 防火墙与入侵检测技术[J].计算机应用研究，2001, 18(1):4-7.

[15] 李明，曾蒸. 防火墙技术浅析[J]. 重庆教育学院学报(6):64-68, 74.

[16] 姚荣荣. 浅析硬件防火墙在网络中的应用[J]. 网络安全技术与应用，2018, No.212(08):21+25.

[17] 翟钰，武舒凡，胡建武. 防火墙包过滤技术发展研究[J]. 计算机应用研究，2004, 21(9):144-146.

[18] 刘永华，张秀洁，孙艳娟. 计算机网络信息安全[M]. 北京：清华大学出版社，2019.